COLLECTION DES INITIATIONS SCIENTIFIQUES
Fondée par C.-A. LAISANT, examinateur d'admission à l'École Polytechnique

F. CARRÉ
Agrégé de physique
Professeur au Lycée Janson-de-Sailly

Initiation à la Physique

OUVRAGE ÉTRANGER A TOUT PROGRAMME
DÉDIÉ AUX AMIS DE L'ENFANCE

Avec 75 figures dans le texte

DEUXIÈME ÉDITION

LIBRAIRIE HACHETTE ET Cie
79, BOULEVARD SAINT-GERMAIN, PARIS

1917

INITIATION A LA PHYSIQUE

159-17. — Coulommiers. Imp. PAUL BRODARD. — 10-17

COLLECTION DES INITIATIONS SCIENTIFIQUES
Fondée par C.-A. LAISANT, examinateur d'admission à l'École Polytechnique.

F. CARRÉ
Agrégé de physique
Professeur au Lycée Janson-de-Sailly

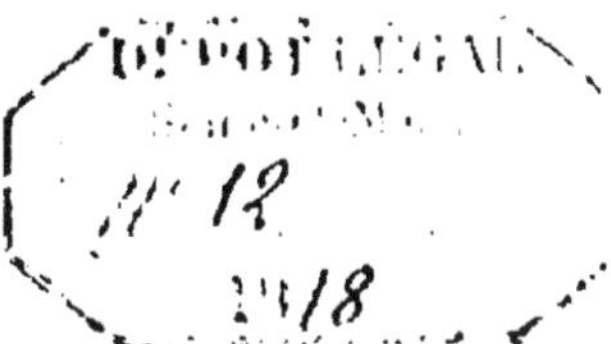

Initiation à la Physique

OUVRAGE ÉTRANGER A TOUT PROGRAMME
DÉDIÉ AUX AMIS DE L'ENFANCE

Avec 75 figures dans le texte

DEUXIÈME ÉDITION

LIBRAIRIE HACHETTE ET Cie
79, BOULEVARD SAINT-GERMAIN, PARIS

1917

AVERTISSEMENT

DU DIRECTEUR DE LA COLLECTION

Dans l' « avant-propos » de l'*Initiation mathématique*, j'avais écrit : « Je souhaite que de pareilles tentatives puissent être faites pour les sciences physiques et pour les sciences naturelles ».

Ce vœu reçoit satisfaction par la publication des *Initiations*, collection dont fait partie le présent volume. Il est destiné, entre les mains de l'éducateur, à servir de guide pour la formation de l'esprit des tout jeunes enfants — de quatre à douze ans[1] — afin de meubler leur intelligence de notions saines et justes, et de les préparer ainsi à l'étude, qui viendra plus tard.

Ce but peut et doit être atteint en intéressant et amusant l'enfant, *sans aucun appel direct à sa mémoire*, en piquant et excitant sans cesse sa curiosité, en l'amenant de lui-même à la vérité; considérer ce petit livre comme un manuel à faire apprendre serait une faute capitale; il faut s'en inspirer, non pas le suivre servilement.

1. Cette période est celle de l'Initiation scientifique générale. Pour chaque branche particulière, il appartient aux éducateurs de déterminer l'époque à laquelle ils jugent convenable de débuter. Mais on peut dire en principe que le plus tôt sera le mieux.

Il faut aussi ne jamais cesser d'observer avec une affectueuse et scrupuleuse attention le petit cerveau que nous avons pour mission de développer ; sachons tirer parti de ses qualités merveilleuses, sans exiger de lui ce qu'il ne peut donner, en le ménageant avec un soin extrême, en évitant la fatigue et l'ennui, ces poisons de l'enseignement.

Mes collaborateurs et moi, nous pouvons répéter encore : « C'est à un sauvetage de l'enfance que nous convions parents — mères de famille surtout — et éducateurs. »

Cet appel, nous l'adressons avec confiance; mille preuves abondent, montrant que de toutes parts on commence à constater les lacunes, les imperfections du premier enseignement, et à comprendre la nécessité d'une transformation profonde.

Et nulle tâche n'est plus haute; car l'enfance, c'est l'humanité de demain.

C.-A. L.

PRÉFACE DE L'AUTEUR

Ce petit livre n'a pas la prétention d'être un traité de Physique, même très élémentaire. On ne s'étonnera donc pas que certaines questions des plus intéressantes pour le physicien (tensions de vapeur, ébullition, aimantation, générateurs d'électricité, etc., etc.), aient été complètement laissées de côté. Pas davantage, on ne devra rechercher ici la description de tours de main ou de procédés opératoires, fussent-ils consacrés par la pratique courante (photographie, galvanoplastie, etc., etc.). On ne trouvera pas non plus, réunies dans ces quelques pages, une série d'expériences, nouvelles, ingénieuses ou amusantes, ayant pour objet de charmer, pendant quelques instants, un spectateur aussi distrait que bénévole.

Le but poursuivi est tout autre : montrer comment, à l'aide d'un matériel très simple et d'expériences toutes faciles à réaliser, on peut amener, sans fatigue et comme en se jouant, un jeune enfant de cinq à douze ans, à se faire des idées nettes et précises sur les principaux phénomènes physiques dont il est chaque jour le témoin.

C'est le but que M. C.-A. Laisant n'a cessé de proposer aux éducateurs de l'enfance. Nous ne pouvons mieux faire, pour le préciser, que d'emprunter à M. Laisant lui-même, quelques-unes de ces idées fécondes, dont il s'est fait, depuis longtemps déjà, le défenseur éloquent et le champion opiniâtre[1].

« *Rien n'est plus sage que d'éviter à l'enfant tout surmenage inutile; mais la meilleure manière d'atteindre ce résultat est de ne pas reculer devant la première initiation.*

« *Le cerveau de l'enfant, du petit enfant surtout, est un admirable instrument enregistreur... C'est le monde extérieur qu'il faut apprendre à voir à l'enfant, avant tout; c'est le monde extérieur sur lequel il faut lui donner le plus de renseignements possible, renseignements qu'il n'aura aucune peine à emmagasiner.*

« *Épris de curiosité, avide de faits, l'enfant, le petit enfant est admirablement doué pour voir et retenir les phénomènes, et, par cela même, pour s'y intéresser.*

« *L'enseignement doit être absolument concret et ne s'appliquer qu'à la contemplation d'objets extérieurs; il doit se présenter d'une façon continuelle sous forme de jeu et non sous forme d'étude.*

« *Mettre des faits sous les yeux d'un enfant ne suffit pas; il faut d'abord lui apprendre à voir.*

« *Il faut arriver à isoler les phénomènes, à créer un mode d'expérimentation qui fasse tellement prédominer le phénomène principal qu'on a en vue que*

1. C.-A. Laisant, L'*Éducation fondée sur la science*, F. Alcan.

tous les autres passent inaperçus; c'est, dans le domaine de l'expérience, une opération un peu analogue à celle de l'abstraction mathématique.

« *On doit éviter les définitions abstraites, les règles édictées sous prétexte d'une bonne direction pratique et que l'enfant n'applique, tant bien que mal, qu'à grand renfort de mémoire.* »

L'éducation rationnelle, l'abstraction mathématique ne viendront que plus tard « *Les théories n'auront plus alors pour objet que de préciser l'idée de loi physique, entrevue le plus souvent d'instinct. Les expériences n'auront pas perdu de leur intérêt, parce qu'on y retrouvera des choses déjà vues autrefois, maintenant mieux expliquées et plus complètement comprises.* »

Telles sont les idées directrices que nous nous sommes constamment appliqué à suivre dans la rédaction de ce petit ouvrage, heureux si nous ne nous sommes pas montré trop inférieur à la tâche entreprise.

F C.

INITIATION
A LA PHYSIQUE

CHAPITRE PRÉLIMINAIRE

DE L'ORDRE A SUIVRE DANS NOTRE ÉTUDE

Il importe avant tout de trancher une question préalable : « Quel ordre convient-il de suivre dans l'étude que nous entreprenons? » Cette question ne comporte qu'une seule réponse : « Évitons de nous astreindre à un plan rigoureux et inflexible; inspirons-nous, au contraire, de la fantaisie de l'enfant; laissons-nous conduire au hasard de ses jeux et de ses promenades. Que sa curiosité éveillée soit notre principal guide dont nous nous inspirerons pour atteindre le but proposé. »

L'ordre que devra suivre réellement l'éducateur n'aura donc absolument rien de comparable à celui que nous sommes obligé d'adopter pour la composition du présent volume; la marche suivie nous est imposée, avant tout, en effet, par la nature même du livre; les paragraphes ou les pages ne peuvent s'y dérouler qu'en série linéaire. L'éducateur, au contraire, en particulier celui de la première enfance, devra procéder tout autrement. Au lieu de marcher droit devant lui et de toujours progresser comme le livre, il cherchera à envisager une même question, successivement, sous ses aspects les plus variés; il ne craindra pas de revenir sur ses pas ou de rayonner autour du point qu'il se propose d'étudier.

Le plan que suivra l'éducateur aura donc par lui-même peu d'importance; l'éducateur ne devra cependant jamais perdre de vue le chemin qu'il se propose de faire parcourir à son jeune élève. Il devra, à l'occasion, avec toute la discrétion possible, savoir solliciter l'attention de son élève et diriger ses regards vers des objets convenablement choisis. Il se proposera donc un plan; mais, il ne s'y asservira pas. Semblant n'écouter que la seule fantaisie de l'élève, il consentira à quitter momentanément le chemin dans lequel il s'est engagé, tout en gardant le secret dessein d'y revenir par des voies détournées qu'il cherchera à rendre aussi attrayantes que possible.

Il rachètera largement ces atteintes apparentes et temporaires à la logique par une douce et patiente ténacité, ainsi que par une persévérance inlassable; toujours décidé à reprendre les points délaissés et à ramener insensiblement sur eux l'attention plus avertie et la curiosité plus éveillée de son élève.

Quant à l'ordre même qu'il convenait d'adopter dans la composition de ce petit livre, il nous a semblé, sous le bénéfice des observations que nous venons de présenter, qu'il pourrait y avoir quelque avantage à conserver simplement les vieux errements consacrés par un usage plusieurs fois séculaire et à maintenir les divisions généralement admises dans l'étude des sciences physiques.

PREMIÈRE PARTIE

LES DIVERS ÉTATS DE LA MATIÈRE

1. — Interrogeons la nature; seule, elle a qualité pour nous répondre.

Nous pensons donc qu'il serait bon de porter tout d'abord l'attention de l'enfant sur les différents états sous lesquels la matière est susceptible de se présenter à ses observations. Cette étude comporte la plus grande simplicité; on peut, en outre, très facilement, la rendre attrayante; elle donne lieu enfin à des applications continuellement renouvelées.

Efforçons-nous donc de faire comprendre à notre élève en quoi consistent les différents états physiques de la matière, et quelles sont les qualités diverses qui les caractérisent.

Nous nous garderons bien cependant de commencer par établir une prétendue distinction entre les soi-disant propriétés générales de la matière et les propriétés particulières aux diverses classes de corps. Nous ne débuterons pas par faire défiler devant notre jeune élève, ahuri et dégoûté à tout jamais, une série de définitions, arbitraires et rébarbatives, destinées à fixer le sens qu'il conviendrait dorénavant d'attacher aux imposants vocables d'impénétrabilité, de porosité, de divisibilité ou d'inertie. Il serait déplacé et prétentieux de vouloir initier un tout jeune enfant aux mystères de la cohésion, de l'attraction moléculaire ou de la structure inter-atomique.

Notre but est beaucoup plus modeste; notre manière de procéder sera tout autre.

L'occasion ne manquera pas — (et l'habileté de l'éducateur pourra consister à la faire naître) — où l'enfant sollicitera de lui-même une explication ayant trait aux propriétés essentielles des solides ou des liquides : « Pourquoi le verre, qu'il est si difficile de couper, se brise-t-il si facilement dans le choc? Pourquoi le choc du marteau laisse-t-il une profonde empreinte sur le morceau de plomb? Pourquoi ne laisse-t-il rien sur un bloc d'acier? Pourquoi le grès qui est si friable, est-il cependant avantageusement employé à affûter les couteaux, les ciseaux, les outils les plus divers et les plus durs? » Et mille autres questions semblables, qui se présenteront au hasard des circonstances.

Au milieu de ces idées, forcément très confuses, il ne sera sans doute pas difficile de faire le départ entre celles qui doivent être actuellement retenues et celles qu'il convient de laisser momentanément de côté; et ce sera le premier soin de l'éducateur.

Mais, qu'il s'agisse d'un ordre à faire accepter de préférence à un autre, de questions à retenir, d'explications à donner, nous viserons toujours à ce que les faits seuls parlent; et non point nous. N'oublions pas que c'est la nature seule qui est interrogée; que, seule par conséquent, elle a qualité pour répondre. Notre rôle ne peut être que celui d'un modeste et sincère interprète.

La réponse nous sera donc fournie par des faits; mais les faits se présentent rarement d'eux-mêmes à l'appel de l'observateur. Il faut habituellement les solliciter; c'est le rôle de l'expérimentation. Un matériel nous sera donc nécessaire.

Ici, pour le genre de questions qui nous occupent actuellement, nous n'aurons besoin que d'un matériel des plus simples : des pierres, des cailloux, des objets en fer ou en bois massif, du fil de fer, des lames de fer-blanc ou de zinc, des poids en fonte, de la ficelle, des baleines de parapluie hors d'usage, des buses en rupture de corsets, tel est le matériel auquel nous pourrons avoir recours. Il est d'ailleurs évident que ces objets pourraient facilement être remplacés par une foule d'autres de semblable valeur, que l'on trouvera toujours à portée de la main.

2. — Élasticité des solides.

Demandez à votre élève ce qui doit se produire, s'il tente d'étirer la barre de fer ou le bloc de bois. Il ne manquera pas de répondre qu'il ne se passera absolument rien. Il a en effet, très nettement déjà, la notion de la résistance que les solides opposent à la déformation. Il a cette notion; il ne peut même pas ne pas l'avoir. Plus d'une fois, en effet, il lui est arrivé, dans ses jeux, de prendre un peu rudement contact avec le monde extérieur, de se heurter vio-

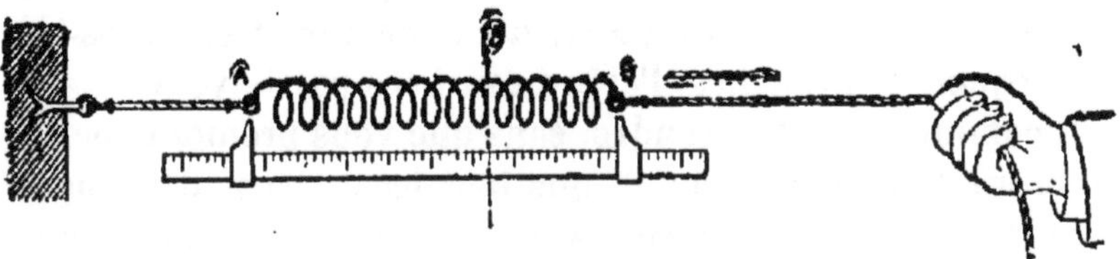

Fig. 1. — Élasticité des solides. — Un ressort s'allonge, quand on tire sur son extrémité libre.

lemment contre des corps étrangers et d'imprimer à vif dans ses chairs un souvenir qui désormais ne doit plus s'effacer.

L'enfant se demandera donc tout d'abord si votre question est réellement sérieuse. Vous n'insisterez pas; cela serait inutile. Présentez-lui seulement un ressort à boudin (fig. 1) que vous aurez pris soin de confectionner devant lui, en enroulant un fil de bon acier sur une tige cylindrique. Posez-lui de rechef la même question : Que va-t-il se passer, si l'on tire à la fois, dans les deux sens, sur les deux bouts du ressort? La réponse ne se fera guère attendre. « Le ressort ne peut pas manquer de s'allonger. » Demandez alors la raison de cette différence de résultats. Très probablement, l'explication laissera quelque peu à désirer. La chose paraît simple, sans doute, à notre élève; entendez par là qu'elle est pour lui d'observation quotidienne. Elle l'embarrasse cependant; cela signifie qu'il n'y a sans doute jamais réfléchi jusqu'ici.

Inutile d'ailleurs de formuler une explication qui, si elle visait à être définitive, risquerait de ne pas atteindre son but, et qui, l'eût-elle atteint, ne laisserait aucune trace dans l'esprit de l'élève.

3. — Il n'y a pas de corps, si dur soit-il, qui ne soit déformable.

Multipliez devant l'enfant des observations de même ordre. Présentez-lui des plaques de tôle mince, des métaux réduits en feuille, un peson à ressort, un dynamomètre. Faites-lui remarquer les branches d'arbre courbées par le vent.

Il commence à comprendre, sans que vous preniez la peine de le lui dire expressément, que tous les corps se déforment en réalité, sous les efforts extérieurs. Il peut arriver, sans doute, que la déformation passe inaperçue. Elle n'en est pas moins la règle générale.

Parvenus en ce point, faites en sorte que le résultat obtenu soit définitivement acquis. Ne craignez donc pas de varier les expériences et les observations; et cela sera facile.

Laissez, par exemple, tomber une bille d'ivoire sur une plaque de marbre, de verre ou d'acier, que vous aurez préalablement recouverte de noir de fumée. La bille rebondit. Faites observer à l'enfant la trace noire qu'elle porte à sa surface. Priez-le de recommencer l'expérience, la bille tombant maintenant de plus haut. Il y a cent à parier contre un que l'enfant n'attendra pas que vous l'invitiez à regarder la nouvelle tache que le noir de fumée a laissée sur la bille. Il ne pourra manquer de constater qu'elle est plus large que la première fois. Ira-t-il jusqu'au bout des conséquences à tirer de cette observation? Ou bien, faudra-t-il l'y aider quelque peu? Quoi qu'il en soit, laissez-lui toujours la part la plus large dans ce genre de recherches. Et quel que soit le chemin suivi, il ne tardera pas à comprendre que la bille se déforme toujours au moment du choc, que cette déformation augmente d'importance avec la grandeur de l'effort qui la provoque; que cette déformation, enfin, est purement temporaire.

Bien entendu, on devra soigneusement se garder d'énoncer les propositions précédentes sous la forme que nous venons de leur donner ou sous tout autre forme équivalente. Une seule chose importe : que l'enfant ait compris les résultats obtenus. Il n'importe pas (pour le moment du moins) qu'il sache les énoncer sous une forme de langage plus ou moins correcte.

L'élève est alors prêt à comprendre la notion et les lois de l'élasticité. Qu'il ignore le nom même d'élasticité; cela, encore une fois, importe peu. Il vaudrait même mieux qu'il en fût ainsi. L'élève ne sera que trop naturellement porté, comme chacun de nous d'ailleurs, à prendre des mots pour des raisons.

4. — Nous procédons à nos premières mesures.

Cherchons donc à lui donner une idée expérimentale des lois de l'élasticité. Rien ne sera plus facile. Pour cela, mettons à sa disposition un ressort à boudin, ou mieux, le matériel élémentaire nécessaire à la construction de tout autre dynamomètre. On pourra, par exemple, lui faire fixer une lame élastique par son milieu, réunir les extrémités de cette lame par un fil, à la façon d'une arbalète, et suspendre au milieu du fil des poids variables dont on lira le déplacement le long d'une règle verticale graduée. Une foule d'autres dispositifs pourraient, également bien, convenir.

Mais, laissez à l'enfant le plaisir de la construction d'abord, de la recherche ensuite. Vous devez naturellement vous montrer intéressé, au plus haut point, par ses essais et par les résultats qu'il en tire. Cette petite supercherie est bien de mise, quand vous participez à ses jeux habituels; pourquoi ne le serait-elle pas, à bien meilleur titre encore, quand il s'agit d'un jeu utile et instructif? Combien il sera heureux de vous apprendre que, sous l'action d'un poids de 100 grammes, le ressort a fléchi deux fois plus que sous l'action d'un poids de 50? Il ne voudra plus dès lors (pour quelque temps du moins) d'autre procédé de mesure de poids. Profitez-en pour lui faire peser quelques menus objets. Des pièces de monnaie de billon pourront lui tenir lieu de poids marqués. Encouragez-le à continuer ses recherches, à comparer les résultats qu'il a obtenus. Une feuille de papier quadrillé se prêtera, on ne peut mieux, à cet usage. S'il a pris plaisir à ses mesures, il prendra plaisir encore à les coordonner par un *graphique* [1]. Vous n'aurez à lui parler ni de *fonction* ni de *continuité*; vous vous en garderez même soigneusement; mais, soyez assuré que ces notions si importantes ont déjà commencé à germer dans son esprit et qu'elles n'en disparaîtront plus désormais. La suite de ses études, de ses observations et de ses réflexions n'aura, plus tard, d'autre effet que de donner à ces notions tout le développement dont elles sont susceptibles.

Notre élève trouvera de lui-même, tout aussi facilement, la notion de *limite d'élasticité*. Vous n'aurez qu'à l'y conduire très discrètement, et de loin. Un ressort formé d'une lame d'acier reprend ses dimensions primitives, quand on l'abandonne à lui-même, lors même qu'il aurait été soumis à une très forte charge. Il n'en serait plus de même pour un ressort de dimensions semblables, qui aurait été fabriqué soit avec une lame de clinquant, soit avec une lame de fer-blanc.

Faites comparer les effets que produit un coup de marteau sur un bloc d'acier, un bloc de cuivre ou un bloc de plomb d'égales dimensions. Votre élève a compris que tous ces corps sont inégalement élastiques et possèdent des limites d'élasticité très différentes.

1. Voir Laisant : *Initiation mathématique*; n° 46.

5. — Du frottement dans les solides.

Des notions d'élasticité à la notion de frottement, le passage est tout naturel, comme l'a si bien montré M. Guillaume dans son *Initiation à la mécanique* (p. 82); et nous ne pourrions mieux faire, à ce sujet, que de répéter ce qu'il a déjà si habilement mis en lumière. Placez une boule pesante, au fond d'une cuvette, d'abord; sur un disque de caoutchouc ou de feutre, ensuite. Pas plus dans le second cas que dans le premier, elle ne tend à rouler. La cause est manifeste. L'enfant ne s'en étonne pas. Une rigole circulaire s'étend tout autour du point de contact de la boule avec son support, et s'oppose à son déplacement. Qu'arrivera-t-il maintenant, si on place la même boule sur un de ces corps durs dont l'enfant a précédemment constaté les propriétés élastiques? L'enfant sait, à n'en pas douter, que le phénomène va rester le même, à cela près que les déformations pourront peut-être passer inaperçues. Notre élève a vu la bille d'ivoire s'aplatir sous le choc; il n'aura aucune peine à imaginer que support et boule se déforment autour de leur point de contact commun. Il sait qu'il n'en peut être autrement, et que, si la rigole qui entoure le point de contact de la boule avec son support échappe à notre vue, c'est uniquement parce que nous ne savons pas nous y prendre. La boule sera donc gênée dans son mouvement; et voici la principale cause du frottement comprise une fois pour toutes.

Il ne peut évidemment pas rentrer dans notre plan d'indiquer, à chaque fois, les multiples expériences qui pourraient conduire à des conclusions déjà rencontrées ou qui permettraient de confirmer des résultats précédemment acquis. Chacun trouvera facilement à varier ces expériences, suivant le matériel dont il dispose ou suivant les circonstances de la vie courante qui le conduiront à faire usage de tel ou tel objet particulier.

6. — Les liquides. Leurs propriétés caractéristiques.

L'étude des liquides se prêterait à des considérations analogues. L'enfant sait ce que c'est qu'un liquide. Il sait tout au moins ce que le mot désigne. On devra donc éviter, au début, de lui en donner telle ou telle définition.

Toute définition serait, en l'état actuel, *absolument inutile* parce qu'elle n'ajouterait rien de compréhensible à ce que l'élève sait déjà. Elle serait, en outre, *tout à fait nuisible*, parce qu'elle risquerait tout au moins de fausser le jeu normal de ses facultés intellectuelles.

Des expériences vulgaires suffiront pour montrer à notre jeune ami — ou plus simplement encore, pour lui rappeler — que les liquides sont éminemment déformables, qu'ils n'ont pas de forme à eux, pas de dimensions qui leur soient propres.

On lui montrera comment, à l'opposé des solides, on ne peut les réduire en morceaux, susceptibles d'être comptés et replacés ensuite dans leur situation primitive. On fera ressortir comment les liquides tendent toujours à s'écouler vers le point le plus bas. Du nuage sur le sol, du toit à la gouttière, de la chaussée vers le ruisseau, des ruisseaux vers la rivière, de la rivière à la mer, l'eau tombe et descend toujours, inévitablement, vers d'autres points encore situés plus bas.

Quand elle cesse de s'écouler et vient se rassembler dans un récipient, sa masse se limite d'elle-même de telle façon qu'il nous serait absolument impossible d'amener une portion quelconque de ce liquide à occuper dans le même récipient une autre position située plus bas que celles qui sont actuellement occupées par d'autres parties du liquide lui-même.

L'enfant saisira facilement de lui-même, sur des exemples particuliers que l'on fera bien de varier, le lien profond qui unit la proposition précédente à cette autre : « *La surface libre d'un liquide est nécessairement horizontale.* »

On pourra, à ce propos, imaginer des expériences de comparaison intéressantes. L'époque n'est pas encore très éloignée, sans doute, où notre adepte physicien prenait le plus grand plaisir à accumuler des tas de sable que, suivant les caprices d'une imagination toujours en travail, il décorait des noms de forteresses, de châteaux forts ou de palais enchantés. Faisons appel à cette compétence restée jeune. Sur une plaque de carton ou de bois, cherchons à élever un monticule de sable fin : proposons-nous comme but de le dresser aussi haut, aussi abrupt que possible. Nos efforts sont condamnés à un succès tout relatif, surtout si nous imprimons de petites secousses à la plaque de support. Mais, si nos essais infructueux succèdent de près à notre première étude des liquides, notre architecte fera de lui-même la comparaison; et peut-être se consolera-t-il de ses échecs répétés, à la pensée d'avoir rencontré sans effort une conclusion que très certainement il formulera lui-même en des termes peu différents de ceux qui suivent : Un liquide peut être assimilé à un solide qui serait réduit en fragments très petits, tous identiques entre eux. En outre, quelle que soit la finesse à laquelle on puisse réduire ces fragments, leur mobilité reste toujours incomparablement plus faible que celle des liquides. Nous ne voudrions pas insister davantage sur ce genre de considérations. Chacun trouvera facilement des expériences vulgaires qui lui permettront de faire comprendre à l'enfant que les liquides n'opposent aucune résistance à la rupture et à la déformation. Une simple pompe à bicyclette suffirait à montrer qu'ils sont pratiquement *incompressibles*.

Au risque de paraître donner trop d'importance à des questions aussi simples, nous jugeons que les différents résultats auxquels nous sommes parvenus ne sont pas chose si négligeable. Nous répétons qu'ils peuvent et doivent être obtenus, sans imposer à l'élève aucune définition ni aucune règle, mais en lui fournissant simplement l'occasion de donner un libre jeu à ses facultés, si riches, d'observation et de raisonnement.

7. — Les gaz; leur existence.

La matière n'existe pas seulement sous les formes solide et liquide. Les gaz ont une importance toute spéciale dans les sciences physiques. L'enfant connaît peut-être le mot; certainement, il connaît peu la chose. Les raisons qu'il peut avoir de croire à l'existence des gaz sont toutes verbales; elles n'ont rien de proprement expérimental. Il faut donc amener insensiblement notre élève à se faire d'abord de lui-même et par ses propres observations une idée approchée de la nature et des propriétés des gaz.

Fig. 2. — Réalité de l'existence des gaz. — L'air en mouvement fait vivement sentir son action.

Il faut d'abord qu'il soit bien convaincu de leur existence réelle. Le mouvement des bateaux à voile, le fonctionnement des pompes hydrauliques mues par le vent donneront à notre élève une idée de la force de propulsion de l'air en mouvement. Les cerfs-volants, les aéroplanes l'amèneront à réfléchir sur l'existence réelle d'un agent susceptible d'opposer une pareille résistance à la chute des corps. On connaît la résistance qu'un cycliste (fig. 2) doit surmonter quand il veut marcher contre le vent. Personne n'ignore les effets destructeurs des tourbillons et des cyclones : arbres déracinés, cheminées renversées, toitures soulevées et transportées au loin.

Il est bon d'observer; mieux vaut encore expérimenter. Les occasions s'en présenteront d'elles-mêmes, nombreuses et faciles, dans l'étude des gaz.

On pourra, par exemple, faire remarquer à notre élève ce qui se passe dans l'opération du gonflement d'un pneumatique de bicyclette ou d'automobile. L'enveloppe, molle au début, devient de plus en plus résistante. A quoi attribuer cette dureté apparente, si ce n'est à la présence d'une substance que nous avons refoulée dans le pneumatique? Et cette substance, qu'est-ce donc autre chose que l'air au milieu duquel nous sommes plongés?

Laissons maintenant le pneumatique se dégonfler librement. La main placée auprès de l'orifice, nous sentons l'air sortir de l'enceinte où il avait été primitivement refoulé; il est capable de repousser et de projeter au loin les corps légers (grains de poussière ou fragments de papier) qu'il rencontre sur son passage.

8. — Nous apprenons à manipuler les gaz.

Convaincu de l'existence des gaz, notre élève ne commencera réellement à savoir ce que ce mot désigne, que quand il saura déjà les manipuler. Aussi ne sera-t-il pas inutile d'insister sur ce point particulier. Prenons un tube d'essai (fig. 3). Il paraît vide. Plongeons-le dans l'eau son ouverture étant tournée vers le haut. Il se remplit d'eau. Recommençons l'expérience, en plongeant maintenant le tube dans l'eau, son ouverture étant tournée vers le bas. Il ne se remplit pas. Il doit donc y avoir, dans le tube, quelque chose qui empêche l'eau de monter. S'il en est ainsi, le tube renferme une matière qu'il doit être possible de transvaser

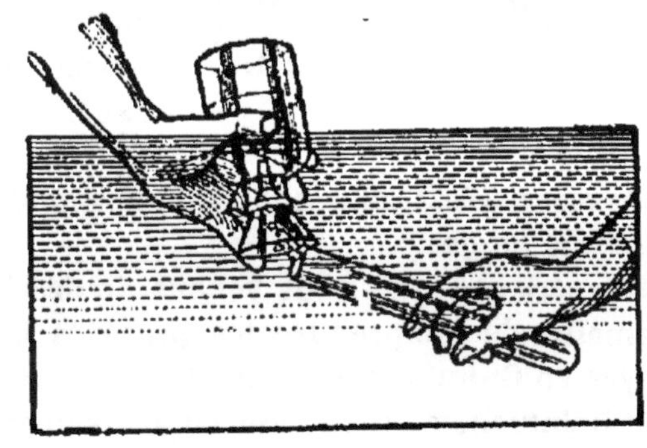

Fig. 3. — Passage d'un gaz d'un récipient dans un autre. — Cette opération se fait très commodément quand on opère sur une cuve à eau ou à mercure.

dans un autre récipient. Prenons donc un flacon à large goulot, que nous remplissons complètement d'eau, et que nous retournons, plein d'eau, dans l'eau d'une cuve ou d'un baquet, son ouverture étant dirigée vers le bas. Redressons maintenant peu à peu, sous le flacon, le tube que nous voulons soumettre à l'étude. Nous voyons des bulles en sortir, petit à petit, monter à travers l'eau du flacon qu'elles repoussent, et venir se rassembler à sa partie supérieure. Finalement, elles y occupent un volume sensiblement égal à celui du tube d'essai. Nous pourrions, si nous le voulions, transvaser à nouveau notre gaz dans le tube primitif et constater qu'il y occupe le même volume qu'au début de l'expérience.

Fig. 4. — Manière de conserver les gaz. — Une fermeture hydraulique sépare complètement le gaz de l'air extérieur.

Il y avait donc bien, dans ce tube, une matière que nous n'apercevions pas tout d'abord de nos yeux, mais *que nous avons vue* ensuite, passant d'un récipient dans l'autre. Cette matière, nous saurons maintenant la transvaser. C'est elle que tout le monde appelle de l'air. *L'air est un gaz.*

L'expérience que nous venons de décrire en détail nous permettra de comprendre les procédés habituellement employés en Chimie pour recueillir les gaz. Ces opérations se font habituellement sur une cuve à eau ou à mercure.

Profitons des résultats précédents pour faire comprendre à notre élève comment on devra s'y prendre, si l'on veut conserver un gaz, sans avoir à craindre d'en laisser perdre quelques traces, par suite d'une fermeture imparfaite du récipient. Il nous suffira de glisser une soucoupe ou une assiette (fig. 4) en dessous du récipient, tandis que l'ouverture de celui-ci est maintenue plongée dans le liquide. On retire le tout de la cuve, on place la soucoupe sur une table; le gaz contenu dans le récipient est séparé de l'air extérieur par la mince couche d'eau contenue dans la soucoupe. Cette fermeture hydraulique ne permet évidemment aucune fuite. L'élève ne pourra manquer de s'intéresser à cette solution si simple d'un problème pratique, qui avait embarrassé à un très haut point les premiers chimistes dans leurs essais de manipulation des gaz.

L'air n'est pas le seul gaz qui existe. Il est indispensable que notre élève se fasse dès le début à cette idée importante. Il sera facile de lui faire constater les propriétés du *gaz de la houille* qui sert à l'éclairage des voies publiques et des maisons particulières, ainsi qu'au chauffage des appareils de cuisine. Les occasions ne manqueront pas non plus, à la campagne surtout, où l'on pourra faire observer à notre élève la fermentation de la pâte du pain, avec les innombrables cellules de gaz dont sa masse est soulevée. Au moment des vendanges, il s'intéressera à voir, dans la cuve, les grappes de raisin agitées par le dégagement du gaz carbonique. Un simple flacon d'eau de Seltz nous permettra facilement de recueillir de grandes quantités de gaz, en opérant comme l'indique M. Darzens (*Initiation chimique*, p. 13).

Il sera bon aussi, et facile tout à la fois, de montrer que d'autres gaz signalent leur présence par d'autres propriétés caractéristiques. Placer une pincée de bioxyde de manganèse dans un petit ballon de verre, humecter de quelques gouttes d'acide chlorhydrique, et chauffer légèrement; on verra apparaître un gaz de couleur verte; c'est le chlore. Chauffer quelques cristaux blancs de nitrate de plomb; il se dégagera un gaz de couleur rouge, le peroxyde d'azote. Brûler un peu de soufre dans un petit godet; la vive excitation de nos muqueuses du nez et des yeux nous avertira de la présence d'un gaz facile à reconnaître : l'anhydride sulfureux.

Il serait tout aussi facile de faire constater à notre jeune élève les odeurs caractéristiques du gaz ammoniac, de l'acide sulfhydrique, de la benzine, etc., etc.

Notre élève est donc familiarisé avec l'idée de gaz. Il sait même jusqu'à un certain point comment on les manipule : il est capable de reconnaître quelques-uns d'entre eux. Ne manquons point de lui faire constater leurs propriétés principales. Une simple pompe à bicyclette suffira, sans qu'il soit besoin d'insister, à lui faire constater à quel point les gaz sont *compressibles*. Si, après avoir comprimé de l'air dans la pompe, nous cessons d'appuyer sur la tige du piston,

Fig. 5. — Élasticité des gaz. — Élastique, quand il est gonflé d'air, le foot-ball ne rebondirait plus, s'il était dégonflé.

celui-ci revient en arrière, et le gaz reprend son volume primitif. Sera-t-il nécessaire d'exercer une suggestion particulière sur l'esprit de l'élève, pour lui faire dire que les gaz sont *élastiques?* Cela est peu probable. L'élasticité d'un ballon gonflé de gaz est d'autant plus marquée que le gaz est plus fortement comprimé.

Les salutaires exercices du foot-ball (fig. 5), lui ont appris, depuis longtemps déjà,

Qu'un ballon dégonflé ne valut jamais rien.

Il sait aujourd'hui à quoi s'en tenir. C'est l'élasticité de l'air intérieur qui fait rebondir le ballon.

9. — Les gaz sont pesants.

Initié à ces vérités fondamentales, notre jeune physicien sera sans doute naturellement porté à attribuer aux gaz une place tout exceptionnelle dans le monde physique. Plus insaisissables que les autres formes de la matière, plus difficiles à enfermer et à conserver dans les limites étroites de nos récipients ordinaires, ils lui sembleront ne pas être rivés aux mêmes liens qui nous rattachent à la surface du sol. Et, tout comme nos ancêtres, pendant la longue suite des temps qui ont précédé Galilée, il imaginera difficilement peut-être que les gaz soient soumis à l'action de la Pesanteur. Il sera facile de le prémunir contre cette erreur. Faisons bouillir pendant quelque temps (fig. 6) 50 grammes d'eau environ dans un ballon de verre de deux litres. L'air est ainsi chassé du récipient où il était contenu, par la vapeur d'eau qui vient de se former. Fermons alors notre ballon par un bon bouchon. Puis, quand le ballon est refroidi, plaçons-le sur un plateau d'une balance ordinaire et faisons lui équilibre par de la tare placée dans l'autre plateau. Enlevons alors le bouchon, et plaçons-le à côté du ballon. L'équilibre de la balance est rompu. Pour le rétablir, il faut placer des poids sur l'autre plateau. L'air extérieur, en entrant dans le ballon, l'a rendu plus lourd. La différence, voisine de deux grammes, est des plus faciles à mettre en évidence.

Fig. 6. — Les gaz sont pesants. — Un ballon dont on a chassé l'air par la production d'une grande quantité de vapeur d'eau, devient nettement plus lourd, dès qu'après refroidissement on y laisse pénétrer l'air extérieur.

Les exemples de l'eau et du soufre, permettront facilement de montrer comment un même corps peut successivement passer par les trois états physiques : solide, liquide et gazeux. Nous n'insisterons donc pas.

Supposons maintenant que l'esprit de notre élève soit bien familiarisé avec les notions précédentes, que l'expérience seule lui a fournies. Il sait maintenant ce que c'est qu'un solide, un liquide, un gaz. Il a des idées, très incomplètes certainement, mais justes et tout expérimentales, sur l'élasticité des solides, la fluidité des liquides et des gaz et l'expansibilité de ces derniers.

Il sera nécessaire alors, avant d'aller plus loin, de revenir sur les résultats acquis et de montrer, par des exemples convenablement choisis, qui se présenteront d'eux-mêmes en foule à la pensée, que les distinctions précédentes, toutes commodes qu'elles soient pour le langage, quelqu'indispensables qu'elles semblent être pour l'étude, n'ont cependant rien d'absolument essentiel. Le carton, le cuir, le bourre, le caoutchouc, le sirop de sucre donneront des exemples intéressants et faciles, qui prémuniront notre élève contre l'abus, possible et toujours redoutable, de l'esprit de système.

DEUXIÈME PARTIE

PESANTEUR ET MÉCANIQUE

10. — Simplification du problème.

Point n'est besoin d'appareils compliqués pour donner à l'enfant une première idée, assez approchée déjà, des lois de la Pesanteur.

Un fil à plomb (fig. 7) est accroché à un clou A. On marque le point A', où il vient affleurer le sol. Mettons en ce point une petite capsule de fulminate. Soulevons la masse du fil à plomb, jusqu'à son point de suspension; puis, brûlons le fil. La masse pesante tombe et vient faire détoner la capsule. Voilà une expérience simple, qui fera comprendre à l'enfant que, si la Pesanteur agit sur un corps restant au repos, ou si elle provoque le mouvement du même corps, à partir du repos, elle s'exerce à chaque fois, suivant la même direction.

A

A'

Fig. 7. — Direction du fil à plomb et direction de la chute des corps. — Ces deux directions se confondent.

Passez maintenant à des exercices variés de balistique. Les cailloux du chemin pourront vous fournir, à cet effet, des provisions inépuisables. Le trajet, suivi par la pierre, n'est plus le même que tout à l'heure. Ce résultat laissera d'abord notre élève perplexe; mais, nos expériences convenablement variées et renouvelées pourront insensiblement l'amener à cette idée que *les effets produits par les forces sont indépendants de l'état de repos ou de mouvement des corps sur lesquels elles agissent.* Vous pouvez, par exemple, placer deux petites balles de plomb sur les bords d'une table; vous faites en sorte, avec une règle tenue à la main, de laisser tomber une des billes qui était placée sur la règle, en même temps que l'autre reçoit de la même règle une vive impulsion horizontale. Les deux projectiles arrivent à terre en même temps.

Il nous suffira donc désormais d'étudier un corps tombant verticalement à partir du repos. Ici encore, les complications apparentes ne manqueront pas. Détachés de l'arbre, les fruits massifs et lourds, ont une grande hâte à venir toucher le sol; les feuilles, minces et légères, semblent, au contraire, être le jouet des vents : *ludibria venti.* L'explication de cette différence est facile à trouver. C'est à nous de mettre notre élève sur la voie, tout en lui laissant l'illusion et le plaisir de la découverte.

11. — La résistance de l'air.

Que l'on prenne deux feuilles de papier identiques. Qu'on les laisse tomber en même temps, toutes les deux, du même endroit; l'une à plat, l'autre par la tranche. Que l'on reprenne l'une d'elles et que l'on recommence le même essai, après l'avoir pliée en deux, en quatre, en seize; et que l'on compare les résultats successivement obtenus. La conséquence ne manquera pas de s'imposer. La chute est d'autant plus retardée que la feuille offre à l'air environnant une plus grande surface. Ce retard est donc très probablement dû au frottement de la feuille de papier contre l'air extérieur, ou, comme on dit habituellement, à la résistance de l'air. Une vérification se présente d'elle-même à l'esprit. Prenons une pièce de monnaie (fig. 8), découpons un disque de papier de même diamètre. Abandonné à lui-même le disque de papier tombe beaucoup plus lentement que la pièce de monnaie. C'est là, pensons-nous, un effet de la résistance de l'air. Demandons à notre élève s'il ne lui serait pas possible de reprendre l'expérience, de telle façon que le disque de papier ne vienne plus, dans son mouvement, frotter contre l'air extérieur. Peut-être pensera-t-il de lui-même à placer le disque de papier sur la pièce de monnaie, avant d'abandonner le tout à l'action de la pesanteur. Quoi qu'il en soit, il ne sera certainement pas difficile de l'amener insensiblement à cette solution, par des voies telles qu'il aura

Fig. 8. — Effets de la résistance de l'air sur la chute des corps. — Un disque de papier tombe avec la même vitesse qu'une pièce de monnaie, si on le protège contre la résistance de l'air.

la conviction d'avoir pressenti le résultat. Les deux rondelles frappent maintenant le sol en même temps; c'était prévu. La pièce de monnaie a protégé la feuille de papier contre la résistance de l'air.

Conséquence importante à retenir : quand ils sont soustraits à la résistance de l'air, tous les corps tombent également vite.

Notre élève comprendra de lui-même que ces deux questions : effets de la Pesanteur, effets de la résistance de l'air, sont absolument distinctes et ne pourront être étudiées qu'indépendamment l'une de l'autre et l'une après l'autre. On lui proposera donc de poursuivre l'étude de la Pesanteur dans des conditions telles que la résistance de l'air ne vienne plus apporter que des perturbations sans importance.

12. — Lois de la chute des corps.

Que la vitesse d'un corps qui tombe aille constamment en augmentant, c'est ce dont on se convaincra aisément si on laisse tomber un objet en verre de quelques centimètres seulement d'abord, puis de hauteurs graduellement croissantes. La catastrophe inévitable nous enseigne que la rencontre avec le sol est accompagnée d'effets de plus en plus marqués. Nous en déduisons qu'elle se produit avec des vitesses de plus en plus grandes du mobile. On pourra encore, si l'on veut, recevoir dans la main un objet pesant, que l'on fera tomber de points de plus en plus élevés. La sensation de plus en plus vive d'abord, et finalement douloureuse, nous est un sûr indice que les conditions de la rencontre sont graduellement et continuellement modifiées, avec la hauteur de chute.

Si nous voulons pousser notre étude un peu plus loin, aucune expérience ne sera plus instructive que celle du plan de Galilée. Un menuisier pourra facilement nous dresser une gouttière en bois de deux mètres de long environ. Dans le sens de sa longueur, nous tendrons un mètre-ruban tel que celui dont se servent habituellement tailleurs et couturières. Une bille d'ivoire, ou un petit volant de gyroscope, pourront courir (fig. 9) le long de cette gouttière inclinée. La mesure des temps nous sera fournie par le métronome, que nous aurons pour quelque temps enlevé au piano. La gouttière, placée d'abord sur une table horizontale, pourra être soulevée plus ou moins à l'une de ses extrémités, à l'aide d'une tige de fer K, ou mieux, à l'aide d'un prisme de bois bien équarri. Dans le but de simplifier nos recherches ultérieures, nous supposerons que les trois arêtes de ce prisme ont reçu des longueurs de 6, 12 et 18 centimètres.

Supposons tout d'abord que l'une des extrémités de la gouttière soit située 6 centimètres plus haut que l'autre; plaçons un buttoir à l'extrémité inférieure, à 180 centimètres du point de départ par exemple; puis comptons le nombre de battements que fera le métronome pendant le temps que la bille mettra à parcourir cette distance de 180 centimètres. Transportons maintenant le buttoir au quart du chemin parcouru par la bille; soit à 45 centimètres du point de départ. Comptons à nouveau les battements du métronome;

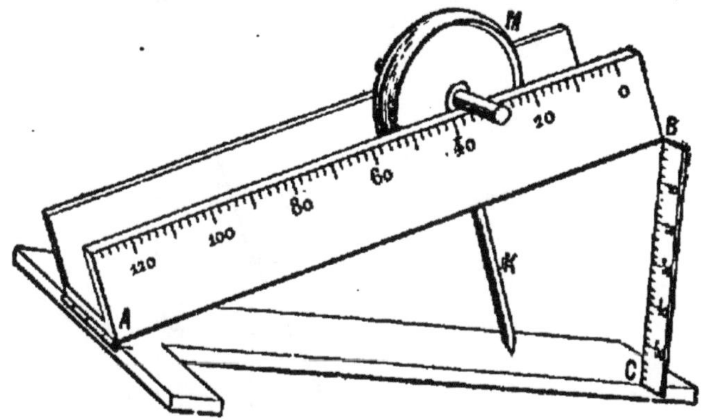

Fig. 9. — Expériences dynamiques avec le plan incliné de Galilée. — Les chemins parcourus sont proportionnels aux carrés des temps écoulés et à la hauteur du plan incliné.

ils sont deux fois moins nombreux pour un parcours quatre fois plus petit. Si donc on avait compté douze battements du métronome dans la première expérience, on en comptera six dans la seconde. Recommençons de même pour un parcours neuf fois plus petit (20 centimètres), nous trouverons un temps écoulé trois fois moindre (quatre battements); et ainsi de suite.

On ne saurait trop insister sur ces expériences qui sont faciles à réaliser et dont les résultats s'interprètent immédiatement. Elles initieront l'élève à la notion si importante de *mouvement uniformément accéléré*. Elles lui apprendront, pour la première fois peut-être, que tout ne marche pas par proportionnalité et que tout problème ne se résout pas nécessairement par une application automatique de la règle de trois simple.

Ces expériences donneront encore à notre élève une pre-

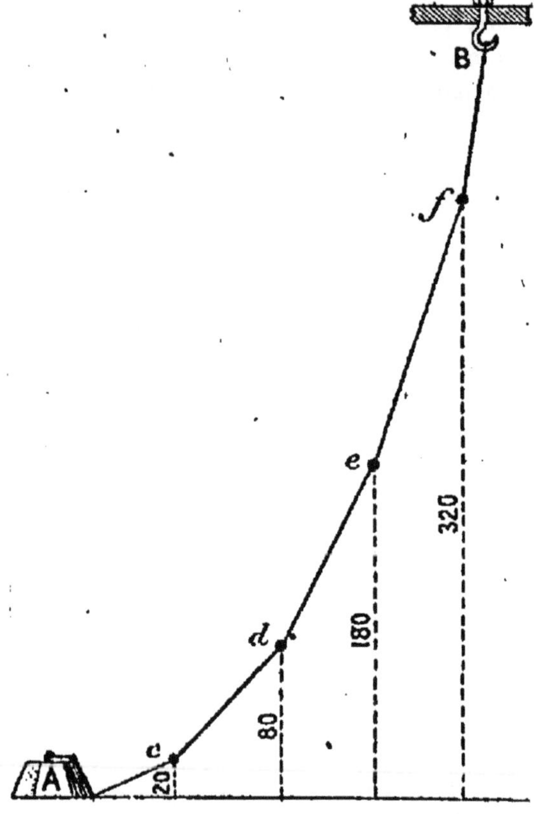

Fig. 10. — Vérification des lois de la chute des corps. — On brûle l'extrémité B de la corde AB; les quatre balles de plomb *c*, *d*, *e*, *f*, arrivent au sol en produisant des chocs séparés par des intervalles de temps égaux.

mière idée de la *vitesse à un instant donné* et lui permettront de concevoir la notion d'*accélération*.

On recommencera une nouvelle série d'expériences, en soulevant maintenant l'extrémité supérieure de la gouttière de 12, puis de 18 centimètres au-dessus du plan de la table. On notera les trois valeurs du chemin parcouru pendant un même nombre de battements du métronome. On constatera que ces trois nombres sont proportionnels aux hauteurs correspondantes, 6, 12, 18 du plan incliné. C'est un point sur lequel nous aurons à revenir. Pour le moment, contentons-nous de constater que la loi du carré des temps continue à être vérifiée. On sera donc autorisé à conclure qu'il en serait encore de même en chute libre, suivant la verticale. *Un corps, abandonné librement à l'action de la Pesanteur parcourt des chemins proportionnels aux carrés des temps écoulés.*

Une vérification directe de cette dernière conclusion pourrait se faire facilement de la façon suivante :

Une corde AB (fig. 10) a son extrémité inférieure A retenue sur le sol par un poids lourd. Son extrémité supérieure B est attachée à 3 m. 50 du sol. En quatre points de cette corde *c*, *d*, *e*, *f*, sont fixées de petites masses de plomb dont les positions sur la corde ont été choisies de telle façon que leurs distances respectives au sol sont égales à 20, 80, 180 et 320 centimètres. A un moment donné, on brûle l'extrémité supérieure de la corde. Les bruits produits par les quatre chocs des masses de plomb sur le sol sont séparés par des intervalles de temps que l'oreille juge être égaux entre eux. Il en aurait été tout autrement, si les distances primitives des quatre masses au sol avaient présenté entre elles les mêmes rapports que les nombres 1, 2, 3, 4.

13. — Les forces et les mouvements qu'elles produisent.

Puisque nous avons incidemment été amenés à l'étude du plan incliné, nous ne manquerons pas l'excellente occasion qui s'offre, pour ainsi dire, d'elle-même à nous, de comparer les effets statiques et dynamiques des forces. Ici, nous changerons un peu notre dispositif.

Le plan incliné (fig. 11) dont nous nous servirons se compose d'une planche en bois, bien dressée, AB, ayant un mètre de long.

En A, cette planche peut tourner autour d'une charnière

horizontale. Elle repose sur une deuxième planche horizontale AC, bien dressée. Une tige en fer K, terminée en pointe à ses deux bouts, servira à maintenir le plan AB sous telle inclinaison que l'on voudra.

En B est attachée l'extrémité d'un mètre-ruban, tendu verticalement par un poids. Comme la longueur de AB est égale à 1 mètre, le rapport entre les longueurs BC et AB est égal au centième du nombre marqué sur le mètre-ruban, en regard du point C.

En B est fixée, d'autre part, une poulie de renvoi R, sur la

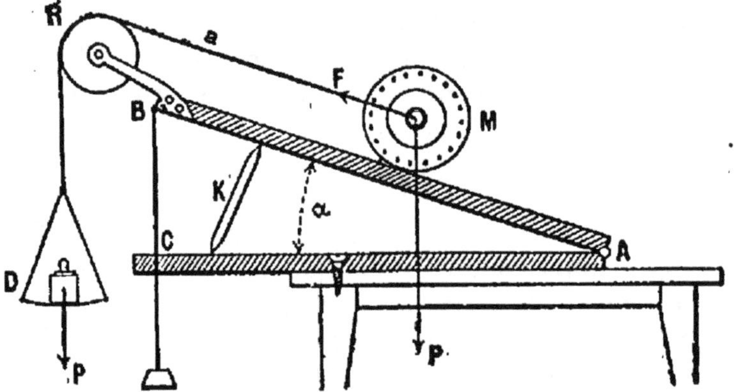

Fig. 11. — Le plan incliné, au point de vue statique. — La composante efficace du poids est proportionnelle à la hauteur du plan incliné.

gorge de laquelle passe une corde très fine a. Cette corde s'attache, d'un côté, aux extrémités de l'axe d'un moyeu de bicyclette M, très mobile; elle supporte, de l'autre, un plateau D, destiné à recevoir des poids.

La corde a est rigoureusement parallèle au plan AB.

Voici maintenant comment nous pouvons utiliser cet appareil.

On pèse, une fois pour toutes, le moyeu M et le plateau D. Donnons ensuite au plan AB une certaine inclinaison; et proposons-nous de chercher, par une mesure directe, de quel poids il faut charger le plateau, pour que le moyeu M se maintienne en équilibre sur le plan incliné.

Supposons, par exemple, que le moyeu pèse 480 grammes

et que le plateau en pèse 50. Supposons le rapport $\frac{BC}{AB} = \frac{1}{3}$.

Il aura fallu charger le plateau de 110 grammes pour obtenir le résultat proposé.

La tension de la corde, qui tire le moyeu vers le haut du plan incliné, est alors de $50 + 110 = 160$ grammes. Elle est le tiers du poids du mobile, 480 grammes.

Notre collaborateur ne manquera pas, suivant son tempérament, de pressentir ou de conclure que :

Pour maintenir un corps en équilibre sur un plan incliné, on doit lui appliquer, parallèlement à ce plan, une force égale au poids du corps, réduit dans le rapport de la hauteur à la longueur du plan incliné.

On ne devra pas manquer de procéder aux vérifications. On donnera, par exemple, au rapport $\frac{BC}{AB}$ une série de valeurs, telles que $\frac{1}{4}, \frac{1}{5}, \frac{1}{6}, \frac{2}{5}$,.. etc. Il y aura là pour notre élève un ensemble de calculs simples et de mesures faciles, qui ne pourront manquer de l'intéresser par le lien logique qui rattache les unes aux autres ces diverses opérations.

14. — Le frottement se rappelle à nos méditations.

Ici encore, un graphique serait des plus instructifs; les valeurs des rapports $\frac{BC}{AB}$ seraient prises pour *abscisses*; les forces motrices, pour *ordonnées*[1]. Les points obtenus peuvent-ils être considérés comme situés sur une droite? Cette droite passe-t-elle par l'origine? Et puisque, de fait, elle s'en écarte sensiblement, quel est le sens de l'ordonnée à l'origine de cette droite? Et ne voilà-t-il pas que, par cette voie détournée, le frottement reparaît et se rappelle à notre sou-

1. Voir l'explication de ces expressions, dans l'*Initiation mathématique* de M. Laisant, p. 150.

venir? Et ne pensez-vous pas que notre élève aura plaisir à retrouver, d'une façon aussi inopinée, une connaissance de date encore toute récente? Et, s'il était arrivé que les premiers résultats obtenus dans l'observation du plan incliné eussent laissé quelque incertitude dans son esprit, s'il avait été tenté peut-être de modifier un tant soit peu les nombres bruts obtenus dans ses mesures, afin de les mieux faire cadrer avec l'idée préconçue qu'il se formait des résultats à obtenir, ne le voyons-nous pas reprendre confiance à la méthode expérimentale?

Il commence à comprendre que la meilleure habileté de l'expérimentateur consiste encore en une absolue sincérité vis-à-vis de soi-même et que l'observation scrupuleuse des faits est infiniment plus féconde que les petites roueries de ceux qui chercheraient à les déguiser.

« Cette leçon, comme dirait Maître Corbeau, vaut bien un fromage sans doute. »

15. — Loi fondamentale de la Dynamique.

Ce n'est pas tout. Il est temps maintenant de rapprocher et de confronter l'une avec l'autre nos deux séries d'observations sur le plan incliné. Nos conclusions ont été les suivantes :

1° L'accélération du mouvement sur le plan incliné est proportionnelle au rapport $\frac{BC}{AB}$ (voir fig. 11) de la hauteur du plan à sa longueur.

2° La force qui tend à faire glisser un corps pesant sur un plan incliné est proportionnelle au même rapport $\frac{BC}{AB}$.

Encore une fois, pas n' st besoin de ces énoncés sous leurs formes didactiques. Contentons-nous de mettre notre élève en présence des résultats précédemment acquis. A cet effet, il sera bon qu'il tienne régulièrement à jour un cahier d'observations où seraient très succinctement consi gnés les graphiques qu'il a précédemment dessinés, les mesures qu'il a eu l'occasion d'effectuer.

Prions-le donc de se reporter à ces sortes de procès-verbaux sommaires. C'est à la lettre que les conclusions, précédemment indiquées, vont lui sauter aux yeux. Encore une fois, peut-être ne saurait-il pas les formuler correctement; peu importe. Il en a très nettement compris la signification concrète, par le contact qu'il a pris avec les faits. Il n'est pas encore en état de comprendre toute la portée d'un énoncé rigoureusement exact; les termes abstraits ne prendront pour lui toute leur valeur que beaucoup plus tard.

Notre élève a donc compris désormais que, sur un plan incliné, un même corps mobile prend des accélérations proportionnelles aux forces qui le sollicitent. Il ne tardera pas à se convaincre que le plan incliné n'a été pour lui qu'un moyen de recherche, d'observation et de vérification. Il est dès lors initié aux lois fondamentales de la chute des corps, au principe fondamental de la Dynamique. Lorsque plus tard il devra reprendre et pousser plus loin l'étude de ces mêmes questions, il ne risquera pas d'apprendre par cœur, sans les comprendre, de longues suites de définitions ou d'énoncés de théorèmes. La construction pédagogique, qu'il s'agira d'élever alors, reposera sur d'inébranlables fondations : l'observation directe des faits et la réflexion personnelle.

Nous ne reviendrons pas ici sur l'étude du *pendule* que M. Guillaume a si bien exposée dans son *Initiation à la Mécanique* (pages 144-147). Nous ne chercherons pas non plus à établir l'existence du *Centre de gravité* ni à en faire ressortir les propriétés essentielles. Nous ne pourrions que répéter ce qu'en a fort bien dit le même auteur dans l'ouvrage indiqué (page 106). Nous nous contenterons seulement de faire remarquer que ces études sont de celles qui, de tout point, sont indispensables au physicien.

16. — La Balance.

Les lois de la Pesanteur, nous conduisent tout naturellement à nous occuper de la *Balance*.

Si l'on a pu dire, avec quelque apparence de raison, que la Physique doit être la science des mesures, il semble bien établi tout au moins que la Balance doit être un des instruments préférés du physicien.

Ses multiples adaptations aux besoins les plus variés, la haute sensibilité dont elle est susceptible en font l'appareil de choix dans un très grand nombre de recherches. Ces considérations seraient sans doute plus que suffisantes pour que nous dûssions faire connaître la balance à notre jeune élève. Si l'on veut bien remarquer, en outre, que c'est un des instruments les plus simples dont nous disposions ; si, enfin, l'on tient compte de ce fait que même les balances communes, telles qu'on les rencontre partout, se prêtent facilement à des expériences variées et suffisamment précises pour notre objet, on sera bien forcé de reconnaître le rôle prépondérant que cet appareil doit être appelé à jouer dans une initiation aux connaissances des lois de la nature.

Fig. 12. — Balance de Roberval. — Cette balance, d'un usage courant, suffira pour nos mesures de forces, de poids et de volumes.

Nous pouvons avoir recours à la balance de l'office ou de la cuisine. C'est en général une simple balance de Roberval (fig. 12). Elle se prêtera facilement à nos recherches.

Enlevons les plateaux de cette balance. Nous mettons ainsi à découvert, de part et d'autre, les châssis sur lesquels les plateaux reposent habituellement et qui sont eux-mêmes supportés par des tiges verticales, articulées aux extrémités du fléau. Étudions ce qui se passe, suivant que nous appliquons des poids en différents points du fléau ou sur les châssis qui précédemment servaient de support aux plateaux. Faisons, par exemple, agir un poids de 100 grammes à 10 centimètres du couteau médian. Nous pouvons le faire reposer en équilibre sur le fléau ou, si nous préférons, le suspendre au même point du fléau par un dispositif facile à imaginer. Notre élève ne sera pas longtemps à s'assurer que le fléau sera ramené en équilibre par un autre poids de 100 grammes placé à 10 centimètres de l'autre côté de l'arête du couteau, ou par un poids de 200 grammes, placé à une distance de 5 centimètres.

Voici donc trouvé le principe du *levier*, ainsi que la condition de *justesse de la balance*. Laissons en place le premier poids; et plaçons le second sur une des lames du châssis, qui, dans les conditions habituelles, supporte l'un des plateaux de la balance. Étudions l'effet du déplacement de ce poids sur le châssis. L'équilibre n'est plus troublé par le déplacement du second poids; il le serait, au contraire, par le déplacement du premier. Si, par exemple, nous chargeons chacun des châssis d'un poids de 100 grammes, l'équilibre se maintiendra invariable; quand même l'un d'eux serait placé dans la partie la plus extérieure de l'appareil, l'autre dans la partie la plus centrale. L'équilibre persiste toujours.

Les résultats sont donc tout différents dans nos deux séries d'expériences. Ainsi avertis qu'il faut se garder de confondre *autour* avec *alentour*, nous nous demanderons néanmoins : Pourquoi cette différence de résultats? Il ne sera sans doute pas malaisé d'amener notre élève à remarquer que, quelle que soit la position des poids sur la carcasse qui porte les plateaux, ces carcasses restent horizontales dans tous les mouvements que l'on peut leur imprimer, et que *l'un des poids monte verticalement de la quantité même dont l'autre descend.*

Deux poids égaux se font équilibre sur les deux plateaux. Les déplacements qu'ils peuvent recevoir sont, à chaque instant, égaux et de sens contraire.

17. — Principe de la conservation du travail.

Il n'en était pas de même dans la première partie de nos expériences. Quand les poids qui se font équilibre reposent sur le fléau, à des distances inégales du couteau médian, ils subissent, dans les oscillations du fléau, des déplacements inégaux.

Ces déplacements sont d'ailleurs proportionnels aux distances qui séparent les deux poids du couteau médian. Nous voici sur la voie du *principe de la conservation du Travail :*

Ce qu'on gagne au point de vue de la force est perdu au point de vue du chemin que parcourt le point d'application des forces.

La notion de travail s'impose ainsi d'elle-même, en même temps que le principe fondamental de la conservation du travail.

Il est évident que notre étude préalable du plan incliné nous aurait tout aussi facilement conduits au même résultat. La poulie, le treuil, les engrenages nous en donneraient des confirmations variées. Il y aurait la plus grande utilité à reprendre ces expériences. Par contre, il n'y aurait aucune utilité à ce que nous insistions davantage. Nous avons simplement voulu rappeler comment, à propos de la justesse des balances, il est facile d'initier notre jeune élève aux propriétés du levier, ainsi qu'à la notion indispensable de travail mécanique et à la connaissance si féconde du principe de la conservation du travail.

18. — Qualités de la balance.

Comment on reconnaît si la balance est juste ou non, comment on peut remédier au défaut supposé de *justesse* de la balance, ces questions sont importantes, certes; elles ne manqueront pas d'ailleurs d'intéresser notre élève et de concourir au développement de ses facultés d'observation ; mais il est inutile que nous insistions.

Notre balance de Roberval se prêtera facilement aussi à l'étude de la sensibilité :

1° Une même surcharge produit un effet d'autant plus marqué qu'on la fait agir sur le fléau en un point plus éloigné du couteau central.

2° Une petite masse mobile (par exemple un serre-fils utilisé au montage des piles électriques) pourra glisser le long de l'aiguille de la balance et permettra de déplacer à volonté le centre de gravité du fléau. On s'assurera ainsi que la balance est d'autant plus sensible que le centre de gravité du fléau est situé plus haut. On passera brusquement du cas de la balance très sensible au cas de la balance folle; et l'on ne manquera pas de faire constater à notre élève combien une balance folle serait peu pratique et de combien la balance ordinaire lui est infiniment supérieure.

Les deux principales qualité de la balance sont donc : la *justesse* et la *sensibilité*. Le citoyen d'un pays libre demande avant tout aux balances de la Loi d'être justes. Le physicien, au contraire, prise bien davantage la sensibilité. Peu lui importe que ses balances soient justes ; le seraient-elles qu'il ne voudrait même pas le croire; et, refusant de s'arrêter à une opinion aussi invraisemblable, il n'en opérerait pas moins comme s'il était assuré qu'elles ne le fussent point.

19. — Densités.

Une fois en possession de ce merveilleux instrument qu'est la balance, nous ne le quitterons point sans lui demander un certain nombre de services. Elle nous offre, en effet, l'initiation la plus directe et la plus simple à la notion de densité; elle nous donne la seule mesure réellement pratique des volumes; elle se prêterait tout aussi bien à des comparaisons de longueurs, de surfaces, de forces ou d'intervalles de temps.

On choisira des corps solides de formes géométriques

simples. Les jouets de l'enfant nous donneront des sphères, à l'état de ballons, de boules ou de billes; ses crayons et ses porte-plume nous fourniront des cylindres; sa règle d'écolier nous servira de prisme droit. Du fil de fer ou de cuivre de différents calibres, des plaques de zinc ou de carton, des planches ou des madriers de bois bien équarris, etc., etc., pourront d'ailleurs nous rendre des services équivalents. Exerçons notre élève à des opérations simples de géométrie appliquée. Faisons-lui mesurer la dimension de plusieurs objets fabriqués avec une même substance : un compas à pointes sèches et un mètre ordinaire suffiront à ce but. Demandons à notre collaborateur l'expression numérique des volumes observés [1]. Et procédons à des mesures de poids. Résumons nos expériences sur un graphique (fig. 13); les volumes calculés sont portés en *abscisses*, les poids mesurés sont portés en *ordonnées*. — Comment les points obtenus se distribuent-ils?

Recommençons pour une autre substance; et traduisons nos résultats à la même échelle. Supposons que nous ayons opéré sur du cuivre et sur du marbre. Nos deux graphiques ont quelque chose de commun : leur forme; ce sont, l'un et l'autre, des *droites* passant par l'origine. L'élève ne manquera pas d'en être frappé. L'idée de densité a donc déjà germé dans son esprit. D'autre part, nos deux graphiques diffèrent nettement l'un de l'autre. Nos deux droites sont très inégalement inclinées sur les axes. La densité, caractéristique pour une substance, varie d'une substance à une autre. Elle se définit, pour chacune d'elles, par l'inclinaison de la droite représentative, ou, comme notre construction l'a déjà fait pressentir à notre élève, par le quotient du poids d'un corps par son volume.

De ces opérations multiples (mesures à l'aide du compas et du mètre, calculs de volume, construction graphique, calcul de la densité) aucune qui ne soit à la portée de l'esprit du plus jeune élève. Chacune d'entre elles donne un but à son activité physique et intellectuelle. La variété des

1. Voir C.-A. Laisant : *Initiation mathématique*; page 120.

exercices ne cesse de l'amuser. D'autre part, les rapprochements qu'il est amené à faire entre les différents résultats obtenus, ne sont autres que les opérations élémentaires de tout jugement. Ajoutez cet avantage qui, étant donné le

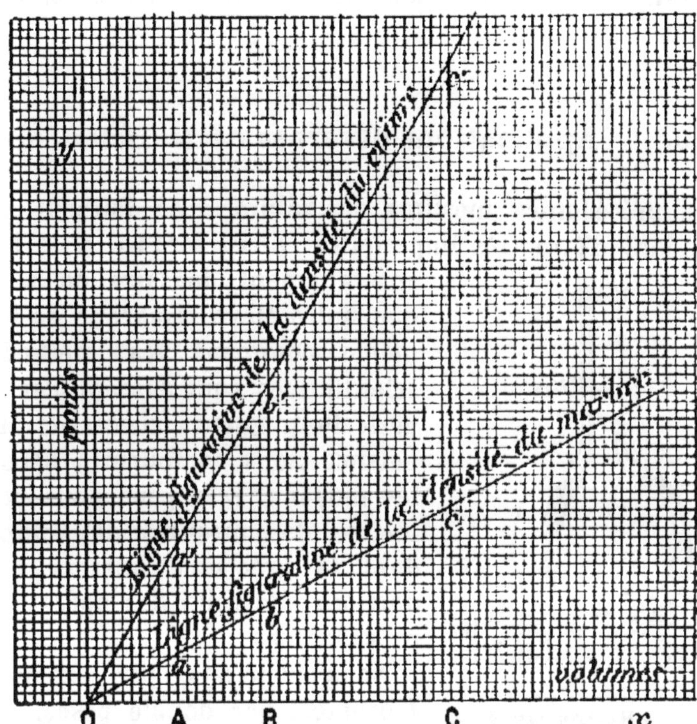

Fig. 13. — GRAPHIQUE REPRÉSENTANT LES VOLUMES, LES POIDS ET LES DENSITÉS. — Les volumes sont portés en abscisses, en OA, OB, OC, ... ; un volume d'un décimètre cube est représenté par 5 millimètres. Les poids sont portés en ordonnées suivant Aa, Bb, Cc, ..., Aa', Bb', Cc', ... ; un poids d'un kilogramme est représenté par un millimètre. La *ligne droite* Oabc correspond au marbre; la ligne droite Oa'b'c' correspond au cuivre.

caractère de l'enfant, est loin d'être négligeable : La manière même de procéder le force à suspendre son jugement. Généralement trop prompt à conclure et à décider, trop porté à croire qu'il a compris avant même d'avoir réfléchi, il apprend à observer et à comparer, avant de conclure. Il le fait, sans qu'il s'en doute d'ailleurs; et, par conséquent, sans que cette étude lui paraisse le moins du monde pénible ou ennuyeuse.

Ainsi comprise, cette formation scientifique ne peut manquer d'être hautement éducative. Non content de s'initier aux sciences physiques, notre élève s'initie, par surcroît, aux bonnes méthodes de vie intellectuelle et morale.

20. — Applications diverses de la Balance.

Nos précédentes mesures de volumes ne laissent pas cependant d'être très imparfaites. Aussi sera-t-il d'un bon enseignement de faire en sorte que notre élève remarque de lui-même comment les méthodes scientifiques sont susceptibles de perfectionnements successifs. La balance nous en fournira encore les moyens. Elle peut nous permettre des mesures de volume dont la précision laissera loin derrière elle celle des opérations précédentes.

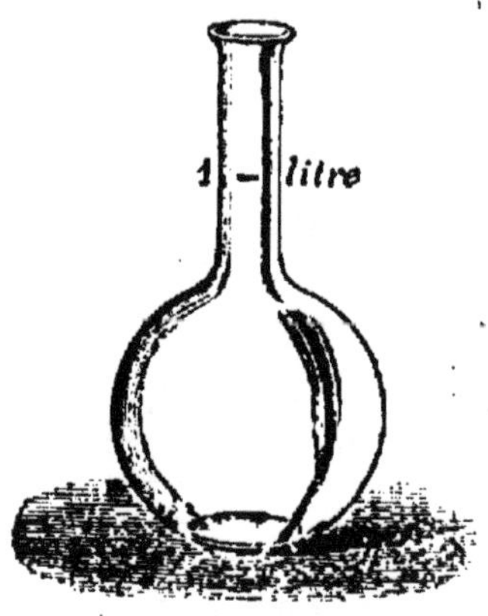

Fig. 14. — Ballon jaugé. — Le col du ballon porte un trait qui définit exactement son volume.

Nous pourrons, par exemple, fabriquer, par double pesée, des ballons jaugés (fig. 14), des pipettes (fig. 15) et des éprouvettes graduées. Par double pesée encore, nous pourrons déterminer le volume d'un corps solide quelconque. A cet effet, celui-ci est placé sur un plateau de la balance, à côté d'un flacon à large ouverture et à bords très réguliers (fig. 16) préalablement rempli d'eau pure jusqu'aux bords, que l'on a recouverts d'une lame de verre. Le flacon a été essuyé avec soin. On fait la tare du tout.

Débouchons ensuite le flacon. Introduisons le solide à son intérieur. Achevons de remplir le flacon d'eau avec les mêmes précautions que la première fois; fermons avec la plaque de verre, sans interposition de bulles d'air; essuyons avec soin. Reportons enfin sur le plateau de la balance. Le fléau s'incline du côté de la tare. Ramenons l'aiguille à la même division qu'au début, en plaçant des poids marqués à côté du flacon. Ces poids nous font connaître le poids d'eau déplacé par le corps. Or, à la température ordinaire, un centimètre cube d'eau pure a un poids très voisin du gramme. Le nombre, lu sur les poids employés, sera donc aussi le nombre de centimètres cubes d'eau chassés par le corps.

Fig. 15. — Pipette graduée. — La pipette graduée sert à puiser dans un récipient un volume déterminé de liquide.

Il sera bon que les expériences portent sur un certain nombre de corps usuels; et que l'élève en retire la connaissance approchée de la densité de substances bien connues de lui : cuivre, marbre, soufre, fer, or, argent, huile, alcool, lait, mercure, etc.

La balance pourrait servir encore à comparer entre elles des longueurs diverses d'un fil métallique dont la nature et le calibre sont donnés. Elle permettrait également bien de comparer les calibres différents de fils de même nature et de même longueur.

Fig. 16. — Flacon et obturateur pour mesure des densités. — Le poids d'eau déplacé par le corps solide permet de déterminer le volume de ce corps et, par suite, sa densité.

Ce serait encore pour notre élève une occasion constamment renouvelée d'exercices, instructifs et amusants à la fois, que d'utiliser la balance à la comparaison des étendues superficielles de diverses régions géographiques : états, provinces ou départements. Pour cela, il relèverait sur une feuille de carton le tracé de la région dont on lui propose d'évaluer la superficie; puis, avec une paire de ciseaux, suivrait soigneusement les contours de la figure ainsi dessinée. Sur une feuille du même carton, il découperait ensuite, à l'échelle indiquée sur la carte, un carré dont le côté est connu en kilomètres. Le rapport des deux pesées ferait enfin connaître le rapport des deux surfaces.

La balance se prêterait également bien à la comparaison des forces, d'origine et de nature quelconques. Mais nous ne saurions insister. Chacun pourra varier à l'infini ce genre d'applications et faire en sorte que l'élève comprenne l'importance et la variété des services que la balance peut rendre à chaque instant à un expérimentateur avisé.

TROISIÈME PARTIE

ÉQUILIBRE DES LIQUIDES ET DES GAZ

21. — Notion de pression.

Notre jeune élève a compris maintenant en quoi consistent les propriétés générales des substances fluides : liquides et gaz.

Allons plus loin, et proposons-nous d'étudier leurs conditions d'équilibre. Cette étude est de la plus haute importance. Elle exige, avant tout, que le débutant soit initié à la notion de pression. C'est le point particulièrement délicat.

Rien de plus simple, en effet, et généralement, rien de plus mal compris par les commençants (et par bon nombre d'autres), que la notion fondamentale de pression. Rien de plus fréquent qu'une confusion persistante dans l'esprit des élèves entre le poids d'un liquide et les poussées qu'il peut exercer. Qui faut-il en rendre responsable? Pour une grande part, certainement, l'habitude trop longtemps répandue dans l'enseignement, de procéder par voie synthétique. Rien de plus faux, au point de vue pédagogique, que l'abus des définitions et leur emploi prématuré. Comme le dit excellemment M. H. Poincaré dans son beau livre, *Science et Méthode* : « Pour le philosophe, une bonne définition est celle qui s'applique à tous les objets définis et ne s'applique qu'à eux. Mais, dans l'enseignement, ce n'est pas cela; une bonne définition, c'est celle qui est comprise par les élèves. »

Combien cela sera-t-il plus vrai encore pour l'éducateur que nous avons en vue : pour l'initiateur ! Il sera donc inutile et mauvais de débuter par une définition quelconque de la pression qui risquerait d'autant plus de rester incomprise qu'elle serait plus générale et plus satisfaisante peut-être au point de vue purement logique. Votre définition conviendrait à des gens qui savent et qui peuvent prendre plaisir à raisonner et à discuter de ce qu'ils savent. Quant à l'élève, il ne vous a pas compris ; il ne vous suivra plus.

Il faut donc procéder tout autrement, mettre l'élève en présence de la réalité concrète, et l'amener insensiblement à reconnaître la nécessité d'une notion nouvelle, l'inciter à inventer lui-même, à créer pour ainsi dire cette définition de pression dont il sent le besoin. Cette définition sera peut-être informe au début ; mais elle s'épurera peu à peu dans la suite, au contact des faits.

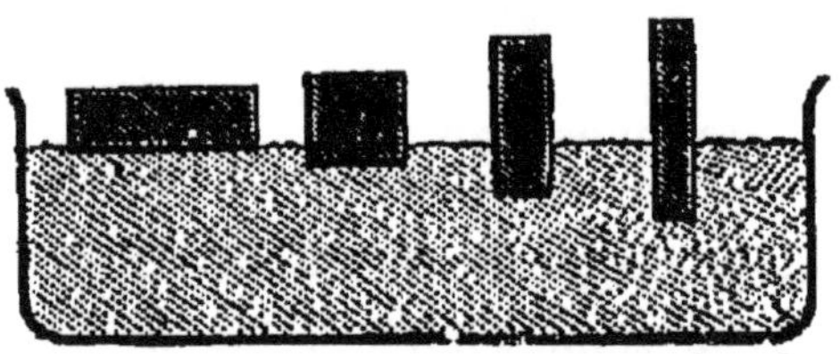

Fig. 17. — Effet de la pression. — Un corps solide enfonce dans le sable, en raison de la *pression* qu'il exerce sur le sable, et non pas en raison seulement de la force qui lui est appliquée.

Prenez, par exemple, du sable très fin dans un large récipient. (fig. 17) Placez à sa surface des cylindres verticaux de bois, de rayons très différents. Proposez de charger chacun d'eux de poids égaux, et demandez à votre élève ce qui va se passer. Il ne sera certainement pas très étonné de voir s'enfoncer le cylindre de plus petit rayon, tandis que celui dont le rayon est le plus grand reste sensiblement immobile. Demandez-en la raison. On vous répondra (ou tout au moins on essaiera d'expliquer) que la force n'est pas seule à considérer, mais encore la surface sur laquelle elle s'exerce. Pressez un peu votre interlocuteur. Il reconnaîtra que l'effet augmente, si la force augmente et si la surface, sur laquelle elle se répartit, diminue. Prenez des exemples concrets ; passez à des applications numériques. Multipliez et variez les questions. Vous ne tarderez pas à obtenir cette conclusion qu'il faut, dans ces expériences, considérer non pas la force totale exercée, mais la force exercée par unité de surface. La définition est trouvée. Le temps et la réflexion en donneront plus tard un énoncé satisfaisant et définitif. Telle quelle, la notion à laquelle notre élève est parvenu, ne risquera plus d'être oubliée ni d'être employée dans des conditions défectueuses.

Ce résultat obtenu, rien de plus facile que de réaliser expérimentalement un petit appareil, permettant de repérer, de comparer et de mesurer les pressions. Nous ne pourrions mieux faire que d'emprunter l'ingénieux dispositif imaginé par M. Chassagny.

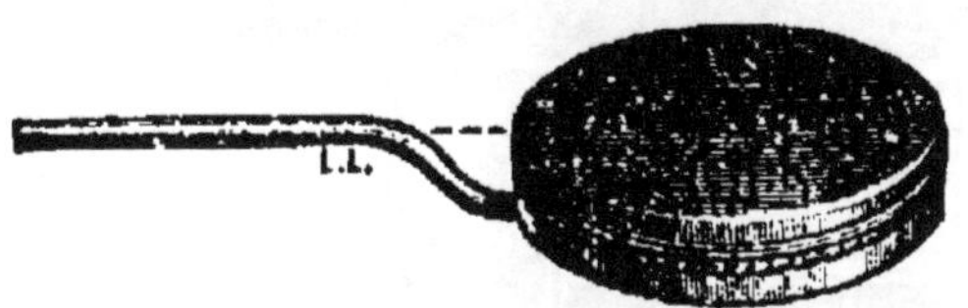

Fig. 18. — Baroscope, pour étude des pressions dans les liquides. — C'est un tambour fermé par une membrane de caoutchouc et communiquant avec un tube en U (fig. 19) contenant de l'eau colorée.

Une petite boîte plate (fig. 18), dont l'un des fonds est remplacé par une lamelle de caoutchouc, aura son intérieur en communication permanente avec un petit tube en U, à branches verticales (fig. 19), contenant de l'eau colorée.

Posons la boîte plate sur la table, la membrane tournée vers le haut. Pressons la membrane avec le doigt, nous constatons une dénivellation de l'eau dans le tube en U. Pressons plus fort; la dénivellation augmente. Diminuons la poussée exercée avec le doigt, la dénivellation diminue. Elle reprend la même valeur, quand la poussée est redevenue la même. Au lieu de presser avec le doigt, chargeons la membrane de poids connus. Nous obtenons des effets du même genre. On voit facilement par là comment l'appareil peut être gradué.

22. — Loi fondamentale de l'Hydrostatique.

Proposez maintenant de plonger cet appareil dans un liquide. L'esprit de l'élève vous a déjà devancé. Vous n'aurez aucune peine à lui faire prévoir et à lui montrer

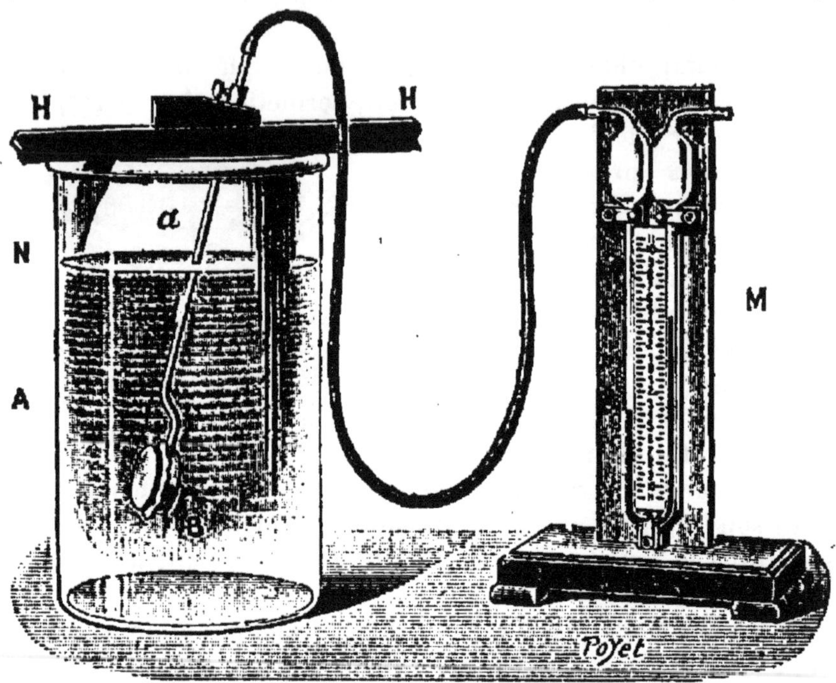

Fig. 19. — CONSTANCE DE LA PRESSION EN TOUS LES POINTS D'UN MÊME PLAN HORIZONTAL. — La dénivellation dans le tube M ne change pas, soit qu'on fasse tourner le tambour autour du tube *a*, soit qu'on déplace la traverse HH sur le bord horizontal du récipient.

que la pression reste la même en tous les points d'un même plan horizontal (fig. 19), et qu'elle ne dépend ni de l'étendue transversale de la masse liquide, ni de la forme du vase.

Faites varier l'inclinaison de la membrane de caoutchouc.

Comparez vos résultats à ceux que l'appareil donnait à

l'air libre, quand la membrane élastique était chargée de poids connus.

Faites varier la profondeur d'immersion.

Changez la nature du liquide : eau, alcool, mercure.

Traduisez en nombres les résultats obtenus.

Si vous avez eu soin de bien graduer la difficulté des opérations, si vous avez laissé à l'élève le temps de se bien pénétrer du sens de chacune des expériences faites, en les répétant autant de fois que cela était nécessaire, soyez assuré que votre élève a compris la relation fondamentale de l'hydrostatique.

Peut-être, étant donnée la légèreté naturelle à cet âge, sera-t-il bon de revenir quelquefois sur un des points précédemment rencontrés. Mais c'est là le fait de toute éducation digne de ce nom. Faites donc reprendre à votre élève le chemin qu'une première fois il n'avait fait qu'entrevoir. Faites-lui, s'il est nécessaire, changer le sens du trajet. « Revenant ainsi sur ses pas, il sera capable de voir, du point de départ et d'un seul coup d'œil, le chemin parcouru. » (J. Tannery.)

Des questions habilement graduées, des problèmes numériques simples conviendront parfaitement à cet effet. Le paradoxe hydrostatique n'offrira plus rien de paradoxal. Le principe de Pascal se présentera tout naturellement à l'esprit de l'élève, quand le moment sera venu de lui en montrer l'importance.

23. — Principe d'Archimède.

« Il y a loin de la coupe aux lèvres » dit le proverbe. Il n'est peut-être pas de pêcheur à la ligne, qui n'ait eu plus d'une fois l'occasion d'ajouter : « Il y a plus loin encore de l'hameçon à la poêle. » Auquel d'entre eux n'est-il jamais arrivé de constater, mais un peu tard, que, trop brusquement arrachée à l'élément liquide, la proie qu'il convoitait a pesé lourdement sur un frêle osier qui, rompu, s'en est allé au fil du courant, emportant avec lui les dernières illusions du pêcheur, conséquence malencontreuse et trop souvent renouvelée du principe d'Archimède.

Les vives émotions d'un sport, pacifique entre tous, pourraient donc elles-mêmes concourir à l'instruction expérimentale de votre élève. Rien ne s'oppose d'ailleurs à ce que vous cherchiez une confirmation plus méthodique d'un principe, jusqu'ici soupçonné plutôt que découvert.

Vous pourrez, par exemple, suspendre à l'extrémité d'un ressort à boudin un corps dont la densité vous est connue d'avance, parce que vous l'avez déjà déterminée dans vos études antérieures. Supposons qu'il s'agisse d'un morceau de cuivre dont la densité est approximativement égale à 8,8. Votre ressort s'est allongé de 44 millimètres. Vous faites ensuite plonger le morceau de cuivre dans l'eau (fig. 20); le ressort se raccourcit maintenant de 5 millimètres. Le corps plongé dans l'eau subit donc une poussée verticale dirigée vers le haut.

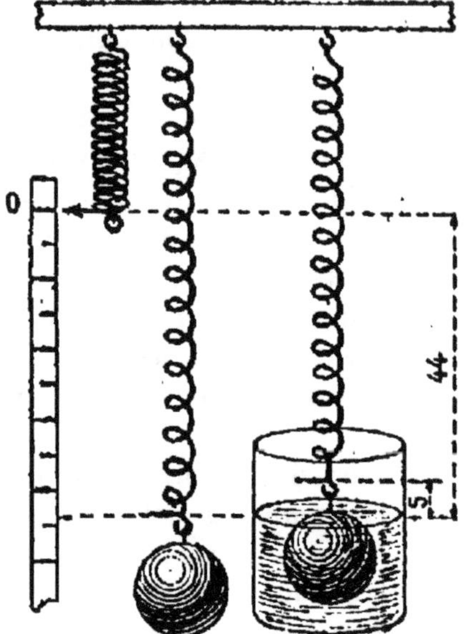

Fig. 20. — PRINCIPE D'ARCHIMÈDE. — Le ressort est moins allongé, quand le corps pesant plonge dans l'eau que quand il se trouve à l'air libre.

Le poids du corps, comparé à cette poussée, est dans le même rapport que 44 est à 5, c'est-à-dire précisément que les poids de deux volumes égaux de cuivre et d'eau. La poussée supportée est donc égale au poids d'eau déplacée.

Bien entendu, la balance vous donnerait facilement une vérification encore plus satisfaisante. Un corps solide, de volume connu (voir plus haut) est suspendu sous un plateau de la balance. Faites-le plonger dans l'eau; il se trouvera soumis à une poussée dirigée vers le haut; la balance vous en donnera immédiatement la valeur, égale au poids de l'eau déplacée.

Ou bien encore, le solide A suspendu sous la balance est amené à plonger dans un vase B préalablement rempli d'eau jusqu'au bord (fig. 21). Un orifice d'écoulement permet de recueillir en D (I) toute l'eau déplacée par l'immersion du corps. Transportez cette eau en C (II) sur le plateau de la balance auquel est suspendu le corps étudié; son poids annule exactement la poussée supportée par le corps solide.

L'intérêt présenté par le principe d'Archimède est tel que,

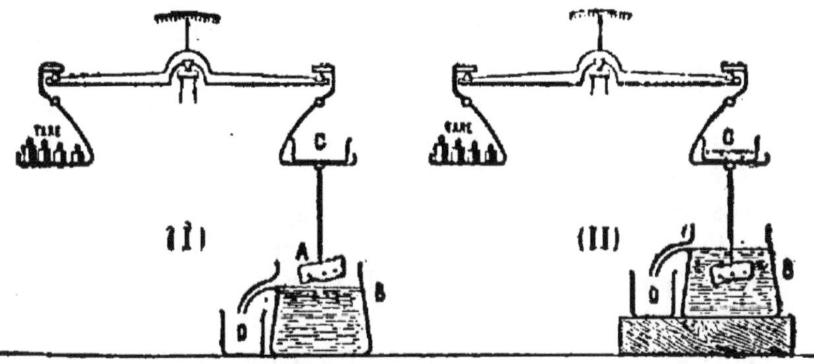

Fig. 21. — Vérification du principe d'Archimède. — L'équilibre de la balance n'est pas modifié, si l'on verse dans le vase C (II) l'eau que l'immersion du corps A (I) a chassée du récipient B.

sans doute, on voudra bien nous excuser de citer une autre expérience qui, pour être bien connue, n'en est pas moins intéressante.

Un vase contenant de l'eau est disposé sur un des plateaux d'une balance de Roberval; à côté de ce vase, on a ajouté quelques poids marqués; le tout est équilibré par une tare placée dans l'autre plateau. On tient à la main l'extrémité supérieure d'un fil auquel est suspendu un corps solide dont le poids et la densité sont connus. Supposons qu'il s'agisse d'une boule de plomb pesant 113 grammes; comme 11,3 est la densité du plomb, nous savons que le volume de la boule est de 10 centimètres cubes. Laissons lentement glisser le fil à l'intérieur du liquide, de manière toutefois à ce que la boule ne vienne pas toucher la paroi du vase. Le plateau portant le vase s'incline vers le bas; pour rétablir l'équilibre détruit, on doit enlever de ce plateau des poids marqués. L'expérience montre que ces poids ont précisément une valeur de 10 grammes; ce qui est le poids de l'eau déplacée par la boule de plomb.

Cette expérience nous semble intéressante à plusieurs titres : elle n'exige aucun dispositif spécial, le corps solide n'ayant pas même besoin d'être suspendu sous un plateau de balance; elle est de nature à frapper les esprits les moins préparés aux spéculations scientifiques; enfin, elle nous présente le principe d'Archimède sous une forme un peu spéciale, qui est la réciproque même de celle qu'on énonce habituellement. La conclusion de cette expérience peut, en effet, s'énoncer ainsi : « L'introduction d'un corps solide à l'intérieur d'un liquide a pour effet d'augmenter la poussée verticale descendante que supportent les parois du vase; l'augmentation de cette poussée est égale au poids du liquide déplacé par le corps. » Il ne peut évidemment en être ainsi que si le corps lui-même reçoit du liquide environnant une poussée égale à la precédente, et de sens contraire, c'est-à-dire égale au poids du liquide déplacé et dirigée vers le haut.

A ce propos, on évitera soigneusement de tomber dans l'erreur de cet épicier qui, désireux de préparer des conserves de cornichons et soucieux de connaître exactement la quantité des ingrédients contenus dans chaque bocal, se livrait soigneusement aux opérations suivantes. Après avoir pesé un bocal vide (poids : 250 grammes), il y avait introduit un lot de cucurbitacées préalablement pesé (poids : 2 kilogs), puis il avait arrosé le tout d'excellent vinaigre d'Orléans et consacré à cela 1750 grammes de liquide. L'opération terminée, notre brave commerçant, en proie au doute méthodique préconisé par Descartes, pesait à nouveau le tout et restait ébahi devant un poids global de 4 kilogs. Il donnait de son étonnement cette explication, suivant lui triomphante, que, les cornichons perdant de leur poids dans le vinaigre, auraient dû peser moins de 2 kilogs; et le tout, par suite, moins de 4| kilogs. Notre épicier, dont les études en hydrostatique avaient sans doute été prématurément interrompues, n'avait jamais vu exécuter la dernière expérience que nous avons décrite; il ignorait, par conséquent, que, si les cornichons avaient, en effet, perdu de leur poids à l'intérieur du liquide, les parois du bocal subissaient, par contre, au contact du vinaigre, une augmentation de poussée vers le bas, précisément égale à la perte de poids considérée.

Les conséquences du principe d'Archimède et les expériences de vérification se présenteront d'elles-mêmes en foule.

On construira facilement l'équivalent d'un *ludion* : une plume d'oie, fermée à ses deux bouts, et dont l'extrémité inférieure sera lestée et munie d'une petite ouverture. Ce modeste appareil, si anciennement connu dans les cabinets de Physique, a repris un regain d'actualité et d'intérêt avec les bateaux sous-marins et les submersibles de nos marines modernes.

Un œuf tombe au fond de l'eau ordinaire; il flotte à la surface de l'eau salée. Rien de plus facile, en superposant avec soin ces deux liquides, d'amener l'œuf à flotter en équilibre au milieu du vase.

Arrivé en ce point, on ne manquera pas de faire faire à notre élève, en guise d'exercices et de jeux, un certain nombre d'applications numériques, que l'on aura soin d'emprunter à la réalité même. En particulier, on lui fera appliquer le principe d'Archimède à la recherche des densités des solides et des liquides usuels. On lui proposera de préparer des solutions de densités connues, on pourra enfin le familiariser avec l'usage de l'aréomètre.

24. — Aréomètres.

On trouve dans le commerce des enveloppes de verre, non fermées, destinées à la construction de ces petits appareils (fig. 22). On lestera l'une d'elles, de façon à la faire affleurer dans l'eau vers le haut de la tige. Dans celle-ci on introduira et fixera avec un peu de cire une bande de papier divisée en parties égales numérotées. On notera avec le plus grand soin le point d'affleurement de l'appareil dans l'eau.

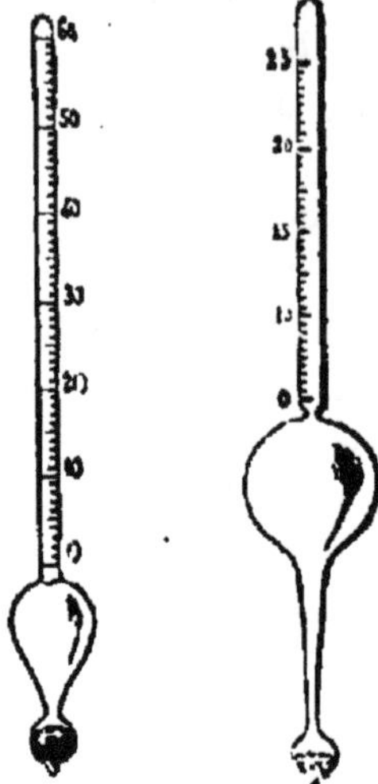

Fig. 22. — Aréomètres. — Ces appareils, dont le poids est constant, s'enfoncent d'autant moins dans un liquide que celui-ci est plus dense.

Que, d'autre part, on mélange, 20 grammes de sel marin avec 90 centimètres cubes d'eau. L'éprouvette que notre élève a graduée lui-même (voir plus haut, § 20) lui donnera immédiatement le volume de la solution obtenue, et, par suite, sa densité. Que l'on note la division d'affleurement de l'aréomètre dans ce liquide; l'appareil pourra maintenant servir à mesurer la densité d'un liquide quelconque : c'est ce dont notre élève aura vite fait de se rendre compte si l'on fixe son attention sur plusieurs cas particuliers. Il pourra, par exemple, ajouter de l'eau à la solution précédente par fractions de 20 centimètres cubes et comparer, chaque fois, les résultats de l'expérience à ceux du calcul. La représentation graphique des résultats obtenus achèvera de lui faire comprendre la relation existant entre la densité du liquide et le numéro d'ordre du point d'affleurement.

25. — Les aérostats.

Les *aérostats* présentent une application trop importante du principe d'Archimède, pour que nous puissions complètement les passer sous silence. Le voudrions-nous d'ailleurs, que notre jeune élève ne le permettrait pas. Trop souvent, sans doute, ces mystérieux voyageurs aériens auront sollicité son attention, pour qu'il n'ait pas réclamé de nous de multiples renseignements sur leur mode de fonctionnement et sur les services qu'on en peut attendre. L'expérience pourra d'ailleurs venir opportunément à notre aide, sous les espèces attrayantes et variées de bulles de savon que nous nous exercerons à gonfler avec de l'air chaud ou du gaz d'éclairage.

26. — Phénomènes capillaires.

Il ne saurait être question pour nous, à aucun titre, d'entreprendre une étude systématique de la capillarité. Nous pouvons cependant nous servir des phénomènes capillaires pour éveiller l'esprit de l'élève et exciter, à leur occasion, ses qualités de finesse et de pénétration.

Il ne sera pas bien difficile, par des expériences simples et amusantes, de l'amener à cette conclusion que la surface d'un liquide se trouve dans un état particulier, comparable à celui d'une membrane élastique tendue.

Fig. 23. — BULLE DE SAVON. — La surface d'une bulle de savon est tendue. La bulle tend à rentrer d'elle-même dans l'entonnoir, et souffle l'air sur la bougie.

La bulle de savon (fig. 23) que l'on souffle dans la partie évasée d'un entonnoir et qui réintègre son lieu d'origine, dès que l'on cesse de souffler; l'anneau de fil de coton (fig. 24) que l'on dépose tout d'abord sur une membrane de liquide glycérique et qui se tend sous forme de cercle, dès que l'on crève la portion de membrane liquide située à son intérieur; l'expérience de Pasteur (fig. 25), dans laquelle des grains de sable disséminés primitivement à la surface libre du mercure pénètrent à l'intérieur du liquide ou reviennent à la surface libre, comme s'ils étaient portés par une membrane élastique que tend plus ou moins une baguette de verre pressée contre elle : tous ces faits concordent, pour conduire tout naturellement notre élève à la conclusion indiquée. Une aiguille d'acier, recouverte d'une mince couche de matière grasse, peut flotter sur l'eau en déformant légèrement sa surface; des gouttelettes liquides peuvent rester suspendues à l'extrémité d'une baguette ou

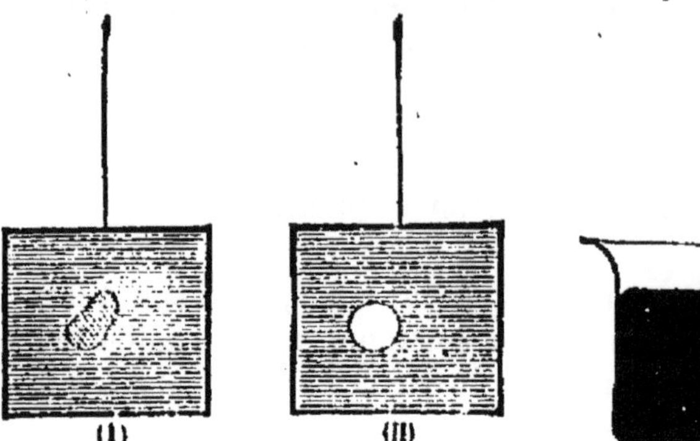

Fig. 24. — Existence d'une tension superficielle des liquides. — Une boucle de soie ou de coton, déposée sur une lame liquide (I), prend la forme circulaire (II), quand on perce la lame à l'intérieur de la boucle.

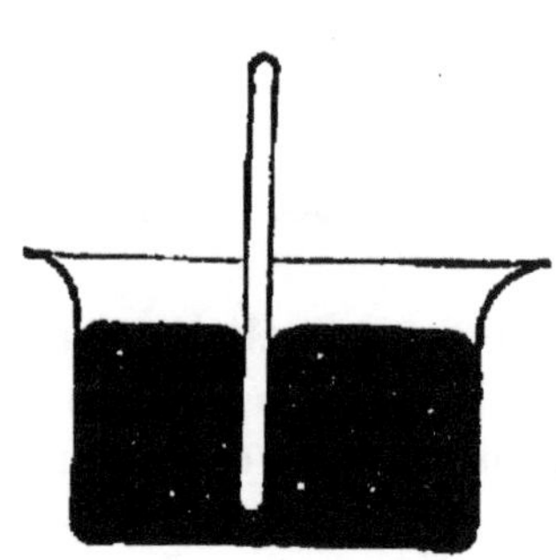

Fig. 25. — Expérience de Pasteur. — La baguette de verre repousse devant elle, à l'intérieur du liquide, les petits grains de poussière qui, primitivement, étaient parsemés à la surface du mercure.

d'un tube de verre. Dans ces expériences, la forme des surfaces suggère immédiatement l'idée d'une tension de la surface libre du liquide.

27. — De la pression dans les gaz.

Nos expériences précédentes ont amené notre élève à se faire une idée nette de la pression exercée à l'intérieur des liquides. Il est préparé à comprendre l'effet des pressions exercées par les gaz.

Qu'il s'agisse d'une bouteille de vin mousseux ou de limonade à déboucher, ou bien qu'il faille regonfler un pneu de bicyclette ou d'automobile, la notion de pression se présentera d'elle-même à l'esprit de notre élève avec un caractère d'absolue nécessité.

D'ailleurs, le baroscope de M. Chassagny l'a familiarisé

avec cette idée fondamentale que les pressions dans une masse fluide vont en augmentant avec la profondeur. Il sait que la différence des pressions en deux points est mesurée par le poids d'une colonne cylindrique liquide qui a pour base l'unité de surface et pour hauteur la différence verticale de niveau des deux points considérés. Il sait enfin que les gaz sont pesants (§ 9).

De lui-même, si son attention est attirée sur ce point, il cherchera à étendre aux gaz les résultats précédemment obtenus pour les liquides.

La notion de pression atmosphérique n'aura donc rien de difficile et de mystérieux pour lui. Elle se présentera à son esprit comme une conséquence forcée des lois de l'hydrostatique; ou plutôt, il commence à soupçonner que les conditions d'équilibre des liquides et des gaz ne sont que des cas particuliers d'une hydrostatique plus générale : l'hydrostatique des fluides. Pour l'initié de nos jours, la situation est tout autre, en effet, qu'elle n'était pour les contemporains de Galilée et de Torricelli. A cette époque, les lois de l'hydrostatique attendaient encore, pour être définitivement mises en lumière et révéler leur prodigieuse fécondité, le génie créateur d'un Pascal. La notion de pression n'avait pas encore été précisée. Les esprits n'étaient pas suffisamment préparés à comprendre toute la portée de la nouvelle doctrine de la pression atmosphérique.

28. — La pression atmosphérique.

Pour mettre en évidence l'existence de la pression atmosphérique et pour en obtenir une évaluation au moins approchée, il sera facile de procéder de la façon suivante :

Prenons une pompe de compression (fig. 20) (pompe à gonfler les pneumatiques, par exemple); fixons-la sur le sol; et recouvrons le piston d'une couche d'huile lourde qui, tout en adoucissant les frottements, nous permettra d'obtenir

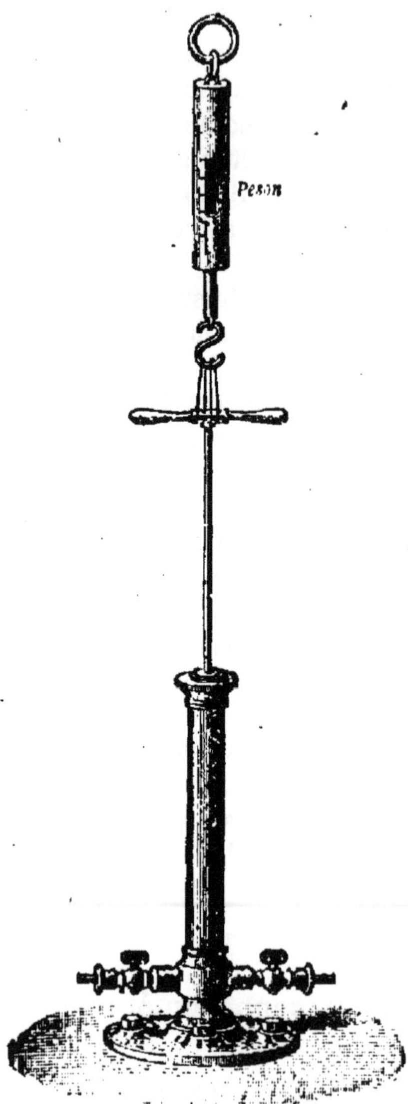

Fig. 26. — Existence de la pression atmosphérique. — La poussée de l'air sur la base supérieure du piston est égale et opposée à la force nécessaire pour soulever le piston dans le corps de pompe vide.

une étanchéité parfaite. Enfonçons le piston dans le corps de pompe de façon à en chasser tout l'air qu'il contient; et fermons les robinets des tubulures inférieures. Essayons de soulever le piston par l'intermédiaire d'un dynamomètre relié à la poignée du piston. Si le rayon de base du piston est de 2 centimètres, nous exercerons ainsi un effort très voisin de 13 kilogrammes. Recommençons l'expérience, les robinets des tubulures inférieures étant ouverts; l'effort nécessaire à soulever le piston ne dépassera pas quelques centaines de grammes. L'explication de l'expérience se présente d'elle-même à l'esprit : il en ressort immédiatement que la poussée atmosphérique par centimètre carré est un peu supérieure à 1 kilogramme.

Le baromètre métallique de Vidi (fig. 27) est un appareil qui se trouve aujourd'hui dans toutes les maisons. Nous sommes d'ailleurs tout préparés à en comprendre le fonctionnement. Son principe, en effet nous a déjà été plus d'une fois utile dans l'usage que nous avons fait en hydrostatique, du baroscope de M. Chassagny. Si nous possédons un appareil quelque peu sensible, nous en ferons faire la lecture à notre élève successivement aux différents étages d'une même maison.

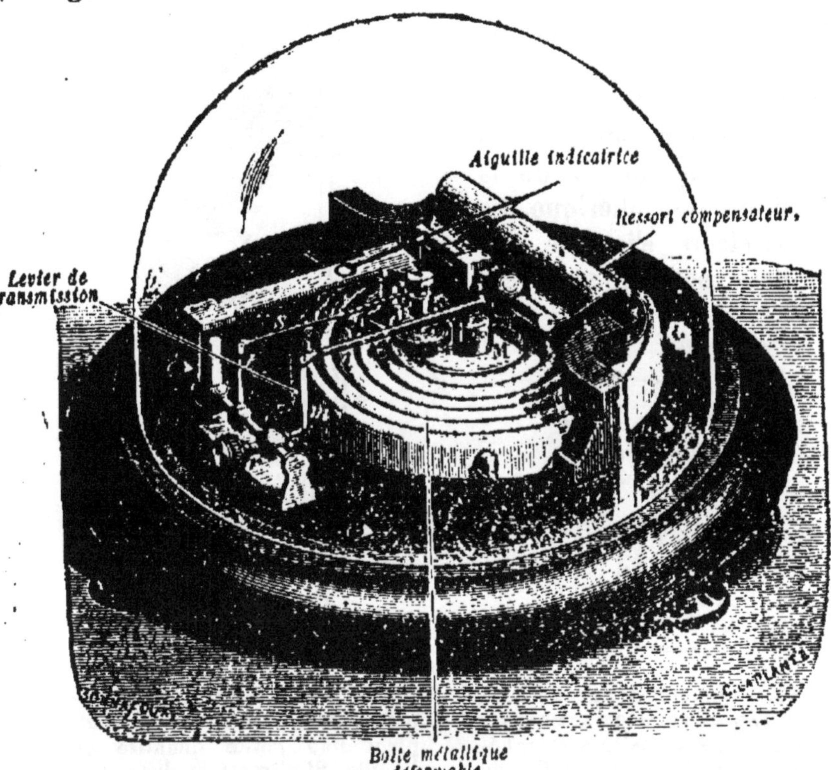

Fig. 27. — Baromètre métallique de Vidi. — Les variations de la pression atmosphérique se traduisent par des déformations de la surface supérieure de la boîte vide.

Nous ne manquerons pas non plus d'emporter avec nous l'appareil dont nous disposons, dès que nous aurons l'occasion de nous faire accompagner de notre jeune ami dans quelque exploration à travers des régions accidentées. Si nous nous élevons dans l'atmosphère, la membrane élastique, qui sert de couvercle à la boîte dont est formé l'appareil, se relève de plus en plus, comme faisait la membrane de caoutchouc de notre baroscope, quand nous la soulevions à l'intérieur d'une masse liquide.

Ces notions une fois comprises — et elles le sont facilement par voie purement expérimentale — nous ne manquerons pas de refaire l'expérience capitale de Torricelli. Une petite quantité de mercure y suffit, si nous consentons à nous servir d'un tube étroit. Un calcul simple nous donnera à nouveau une valeur très approchée de la pression atmosphérique. La comparaison s'impose des résultats actuels avec les

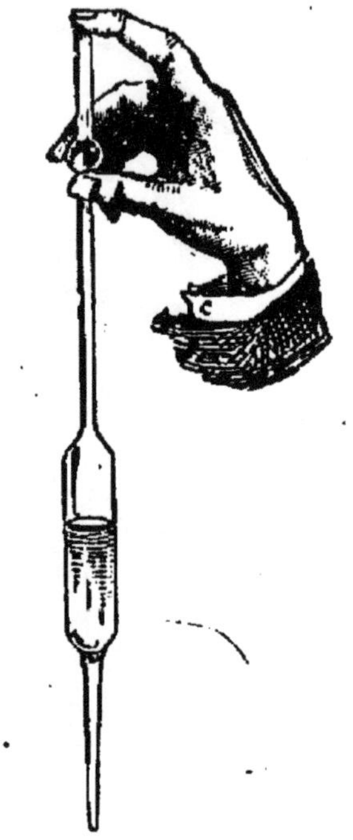

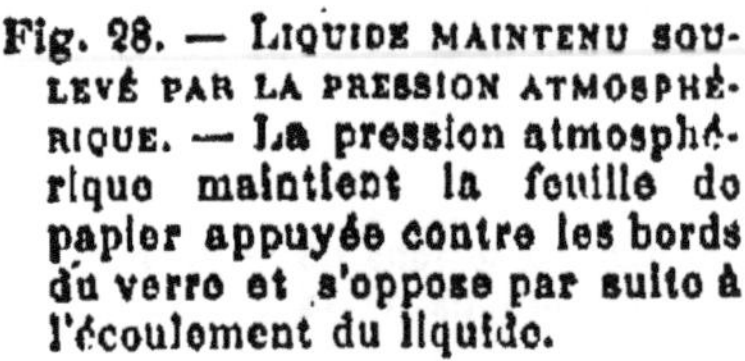

Fig. 28. — Liquide maintenu soulevé par la pression atmosphérique. — La pression atmosphérique maintient la feuille de papier appuyée contre les bords du verre et s'oppose par suite à l'écoulement du liquide.

Fig. 29. — La pipette. — La pipette sert à puiser dans un récipient une petite quantité de liquide. Si elle est graduée, elle permet de prélever un volume déterminé du liquide.

résultats plus grossiers que nous avait précédemment fournis la pompe à air.

Nous pourrons varier à l'infini les expériences qui peuvent servir d'illustration aux principes que nous venons d'établir. Ces expériences pourront tenir lieu de jeux à notre élève; elles seront pour lui des récréations aussi intéressantes qu'instructives. Nous ne ferons que les mentionner; elles sont trop connues pour qu'il soit utile d'y insister davantage :

Un verre rempli d'eau (fig. 28) jusqu'aux bords, que l'on recouvre d'une feuille de papier Bristol exactement appliquée à la surface du liquide, et que l'on retourne sens dessus dessous, sans que l'eau s'écoule du vase.

La pipette (fig. 29) ou le tâte-vin, dans lesquels une colonne de liquide se trouve maintenue par la pression extérieure.

Une petite seringue (fig. 30) que l'on fait fonctionner comme pompe aspirante.

Un chalumeau dans lequel on fait monter un liquide, en aspirant par la bouche.

Un tonneau, plein de vin, que l'on veut mettre en perce : un trou unique, pratiqué à la partie inférieure, serait insuffisant pour provoquer l'écoulement du liquide; celui-ci jaillit au contraire, dès qu'on enlève la bonde.

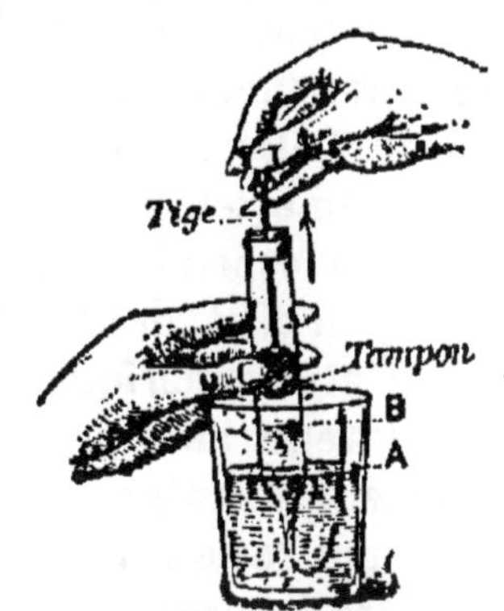

Fig. 30. — LA SERINGUE. — C'est la pression atmosphérique qui fait monter l'eau dans une seringue dont on soulève le piston, pendant que la partie effilée de l'appareil reste plongée à l'intérieur du liquide.

Chacune de ces expériences s'interprète immédiatement par la simple considération de la pression atmosphérique. Mis en présence de chacune d'elles, l'élève ne risque pas de s'égarer dans la recherche laborieuse d'une explication plus ou moins arbitraire.

29. — Les expériences dites : « de Physique amusante ».

Il n'en serait pas toujours de même pour un grand nombre d'expériences connues, dites « de Physique amusante ». L'explication de ces dernières doit quelquefois se tirer de la combinaison ingénieuse de principes différents qui souvent n'ont entre eux aucun lien nécessaire. Cette explication risque donc de ne pas se présenter spontanément à l'esprit de l'élève. La recherche de cette explication cachée risque de le dérouter. Lorsqu'il la connaît enfin, il n'a qu'une confiance limitée dans cette explication dont il n'aperçoit pas toujours la nécessité. Aussi pensons-nous qu'il vaut mieux éviter ce genre d'expériences, tout au moins pour le but spécial que nous nous proposons actuellement. Tout le monde connaît la jolie expérience de l'œuf dur ou de la banane que l'on fait entrer dans une carafe dont on a préalablement chauffé l'air intérieur. Cette expérience est certainement instructive; elle est en même temps ingénieuse et amusante; nous ne la choisirions cependant pas comme expérience d'initiation. Quel est, en effet, dans cette expérience, le rôle propre de la pression atmosphérique? Quel est le rôle de la chaleur? Qu'est devenu l'air primitivement contenu dans la carafe? Que devient, dans la seconde partie de l'expérience, la portion de l'air qui reste confiné dans l'appareil? Quelle relation y a-t-il entre la pression d'un gaz et sa température? Quelle relation entre les pressions supportées par la face supérieure et la face inférieure de l'œuf ou de la banane? Toutes questions, qui certes ne présentent aucune difficulté pour une personne déjà initiée aux lois principales de la physique; questions trop complexes cependant pour être soumises, toutes à la fois, à un jeune esprit que l'on veut ouvrir aux procédés de la méthode scientifique.

30. — Questions à laisser provisoirement de côté.

Si notre élève est familiarisé avec la notion de pression atmosphérique, nous pouvons considérer comme terminée son initiation à la connaissance des liquides et des gaz. Sans doute, il saura peu de chose; mais, il saura le principal; et il n'y aurait, pour le moment, aucune utilité à multiplier les applications des principes que nous nous sommes récemment appropriés. On pourra donc délibérément laisser de côté les différentes formes de baromètres à siphon ou à cuvette mobile, et les vis à deux pointes et les curseurs mobiles et le cathétomètre. On pourra négliger de s'appesantir sur les manomètres, les pompes hydrauliques, les machines pneumatiques et les pompes de compression. Tout cela est volumineux et sans grande valeur éducative, pour une première formation intellectuelle. Comme la savate que l'Auvergnat découvrit au fond de son potage « cela tient de la place », mais ne jouit que d'un coefficient nutritif assez peu élevé.

31. — Compressibilité des gaz.

Nous ne manquerons pas cependant de nous occuper de la compressibilité des gaz. Certes, la loi de Mariotte ne jouit que d'une faveur toute relative auprès des *taupins* avertis, qui, adonnés au culte d'une rigueur scientifique intransigeante, refuseraient de s'en laisser conter par un professeur de Physique trop accommodant. Pour le physicien, pour le philosophe, pour le mathématicien curieux des choses de la nature, la loi de Mariotte conserve, au contraire, tout l'intérêt et toute la fraîcheur de ses premières années. Elle est simple, d'abord; elle représente, en outre, une première approximation, la seule première approximation qui fût acceptable dans l'étude si complexe de la compressibilité des gaz. Seule, enfin, elle devait permettre d'entrevoir la possibilité d'une explication mécanique simple de la constitution de la matière.

Cherchons donc comment varie le volume d'une masse de gaz dont on fait varier la pression.

Un appareil nous est nécessaire pour mesurer et les volumes et les pressions.

Un même dispositif simple va suffire à ce double but :

Un tube cylindrique de verre AR (fig. 31) est fermé à sa partie supérieure par un robinet R. C'est dans ce tube que sera renfermé le gaz à étudier.

Un long tube de caoutchouc met le tube AR en communication avec une cuvette B, librement ouverte et contenant du mercure. Cet ensemble permet de procéder à des mesures de pression, en s'appuyant sur les principes fondamentaux de l'hydrostatique. On dit que cette partie de l'appareil fonctionne comme *manomètre à mercure.*

Si l'on fait monter la cuvette B, on augmente la pression supportée par le gaz contenu en AR. Inversement, si on la fait descendre, la pression supportée par le gaz diminue.

Le tube AR et la cuvette B sont placés le long d'une réglette verticale, portant des divisions en centimètres.

Le *volume* du gaz s'observe facilement sur le tube AR; la valeur de la *pression, en colonne de mercure*, est donnée par le manomètre à mercure.

Ceci posé, voici quelle sera la marche de nos expériences :

1° Nous ouvrons d'abord le robinet R. Nous amenons ensuite le niveau de la cuvette en B (fig. 31, I), à 30 centimètres, par exemple, au-dessous du robinet R.

La pression en R est égale à la pression atmosphérique. Lisons le baromètre. Il marque 76 centimètres, par exemple. Fermons le robinet.

Nous pouvons, dans cette première expérience, prendre pour mesures :

Du volume v, le nombre 30;

De la pression p, le nombre 76.

Nous poserons $v = 30$; $p = 76$.

2° Soulevons la cuvette B. La pression du gaz augmente; son volume diminue.

Cherchons à réduire le volume, dans le tube fermé, à 15 centimètres (fig. 31, II). Lisons la différence des niveaux, $A_1B_1 = h'$, entre les niveaux du mercure dans la cuvette et dans le tube à gaz. Nous trouvons $h' = 76$ centimètres.

Nous aurons donc, pour cette seconde expérience (en conservant les mêmes unités de mesure que pour la première) :

$$v' = 15 \qquad p' = 76 + 76 = 152.$$

3° Comme troisième expérience, abaissons maintenant la cuvette. La pression du gaz diminue; son volume augmente. Cherchons à amener ce volume à être le double du volume primitif; soit $v'' = 2 \times 30 = 60$ centimètres. Lisons la différence $A_2B_2 = h''$ (fig. 31). On trouve $A_2B_2 = 38$ centimètres

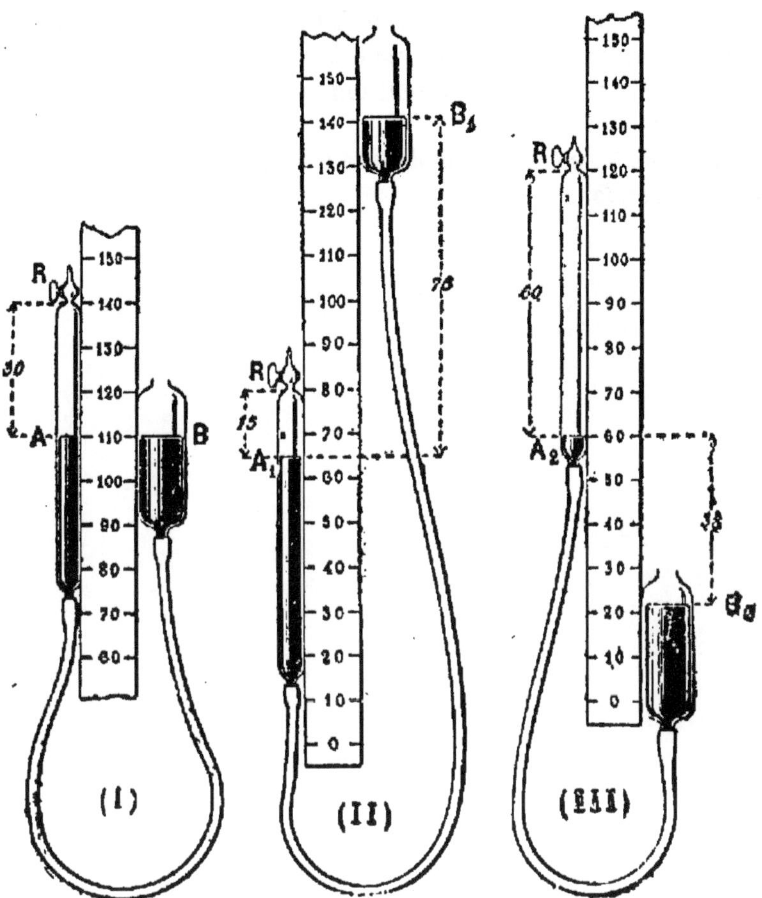

Fig. 31. — VARIATION DU VOLUME D'UN GAZ AVEC LA PRESSION. — Le volume d'un gaz, enfermé en AR sous la pression atmosphérique (I), devient moitié moindre, quand on double sa pression (II); il devient double, au contraire, quand on réduit sa pression à moitié (III).

Nous aurons donc, pour cette troisième expérience, à poser :

$$v'' = 60;$$

et

$$p'' = 76 - 38 = 38.$$

Ces résultats, faciles à combiner entre eux, nous conduiraient à l'énoncé général de la loi de Mariotte :

A une même température, le volume d'une même quantité de gaz est en raison inverse de sa pression; ou encore :

A une même température, le produit du volume d'une même quantité de gaz par sa pression reste invariable.

Et, puisque notre élève est maintenant familiarisé avec la notion de densité :

A une même température, la densité d'un gaz est proportionnelle à sa pression.

QUATRIÈME PARTIE

CHALEUR

32. — Notre programme pour l'étude de la chaleur.

Dans l'étude de la chaleur, nous continuerons à suivre les mêmes principes qui nous ont guidés jusqu'ici. Aussi pourrons-nous procéder un peu plus rapidement.

D'ailleurs, notre étude de la chaleur sera forcément un peu limitée; il ne saurait être question, en effet, de passer en revue les différents procédés expérimentaux qui ont pu être employés à la mesure de la dilatation des solides, des liquides ou des gaz. Pas davantage, nous ne saurions intéresser notre élève par les résultats qui ont été obtenus dans l'étude des densités des gaz ou des vapeurs. Les questions de thermodynamique sont trop abstraites pour que nous ayons à nous en occuper.

Notre rôle sera nécessairement beaucoup plus restreint et plus modeste. Il devra nous suffire de faire comprendre à notre élève les deux notions fondamentales d'échelle des températures et de quantité de chaleur. Joignons à cela les lois simples qui président aux changements d'état physique, quelques notions sur la chaleur envisagée comme une des modalités de l'énergie. Ce bagage est modeste, il est vrai; mais, il est à la portée de l'intelligence de l'enfant. Ces questions peuvent être abordées directement, par voie expérimentale, sans que l'élève cesse de garder un contact permanent avec la réalité.

Pour ne pas nous exposer à des redites continuelles, qui deviendraient vite fastidieuses, il nous suffira de dresser une sorte de liste des expériences qui pourraient convenir à notre objet. L'éducateur ne manquera pas de suppléer aux indications que nous aurons volontairement passées sous silence.

33. — Où l'on constate que : « La température n'est pas une grandeur mesurable. »

Nous devrons nous efforcer tout d'abord à ce que l'élève établisse de lui-même la distinction essentielle entre les notions de température et de quantité de chaleur.

La notion de température est une de celles qui sont le plus mal comprises par les débutants. Cela tient, sans doute, à ce que, dès leur enfance la plus reculée, ils avaient déjà contracté l'habitude d'associer à chaque température une désignation numérique. Ils ont vite fait ensuite de confondre cette désignation avec l'indication d'un résultat de mesure proprement dite.

L'éducateur devra donc ici faire une sérieuse provision de patience; et, sans s'arrêter aux protestations de son élève, toujours assuré d'avoir compris des choses aussi simples, il multipliera les observations les plus vulgaires, les expériences les plus communes, jusqu'à ce que l'élève soit amené à formuler de lui-même cette conclusion que :

S'il nous est facile d'ajouter les volumes, les masses, les poids de deux liquides, nous n'avons aucun moyen, et nous n'en pouvons concevoir aucun, d'ajouter leurs températures. Un litre d'eau bouillante, ajouté à un litre d'eau bouillante, donnera deux litres d'eau. Les volumes ont été ajoutés. Mais, l'eau est restée bouillante. Parler d'ajouter l'une à l'autre deux températures n'aurait donc aucun sens. On ne peut additionner des températures; on ne peut que repérer chacune d'elles, c'est-à-dire indiquer comment elles sont toutes distribuées linéairement, les unes par rapport aux autres.

34. — De l'équilibre de température.

C'est ce qu'il nous sera facile de faire concevoir, si l'on observe ce qui se passe quand deux corps, primitivement placés en présence l'un de l'autre, finissent ensuite par se mettre en équilibre de température. Et, pour comprendre tout d'abord le sens de cette expression : *équilibre de température*, nous n'avons besoin de rien autre chose que des données primitives du toucher.

Quand on met un corps, qui nous paraît froid, en contact prolongé avec un corps qui nous paraît chaud, le premier s'échauffe, le second se refroidit. On dit que le premier était primitivement à une plus basse température, le second à une température plus élevée.

Les températures de l'un et de l'autre ne deviennent invariables, que quand la température est devenue la même pour les deux corps.

Si la température d'un corps plongé dans un liquide reste invariable, on peut être sûr que cette température est précisément celle du liquide où il est plongé.

De là, à faire comprendre le principe de la thermométrie, il n'y a qu'un pas à franchir. Et l'on voit bien qu'il ne peut être question de mesures, au sens absolu du mot.

On construira donc, avec un ballon et un tube de verre étroit, ouvert aux deux bouts, une sorte de gros thermomètre à liquide : mercure ou alcool. L'élève en verra tout de suite les avantages saillants : suppléer aux défauts, de sensibilité et de précision, des données qui nous sont fournies par le sens du toucher.

Il comprend qu'à chaque division de la tige correspond, sans ambiguïté, une température et une seule; il est en mesure de distinguer un beaucoup plus grand nombre de températures différentes qu'il ne saurait le faire avec le seul sens du toucher; il ne risque plus de faire les confusions, auxquelles l'exposait le souvenir imprécis des sensations antérieures.

35. — Avantages du thermomètre.

La fixité des points 0 et 100 donnera lieu également à des observations simples et intéressantes, sur lesquelles il est inutile d'insister. Notre élève ne commettra plus l'erreur de ces cuisinières qui font bouillir l'eau d'autant plus longtemps qu'elles désirent l'obtenir plus chaude.

Il sait apprécier son thermomètre, parce qu'il réalise pleinement les services que nous en pouvions attendre : définir avec précision les différentes températures que nous voulons observer, nous donner un langage des températures qui, toujours, nous aurait fait défaut, si nous étions limités aux seules données du toucher; nous permettre enfin de réaliser, à coup sûr, telle ou telle température précédemment observée et que nous avons plus tard intérêt à reproduire.

36. — Température et Quantité de chaleur.

La notion de quantité de chaleur s'imposera tout aussi facilement à l'esprit de notre élève, si nous savons le mettre en présence de faits convenablement choisis. Une pièce de monnaie est rougie au feu et projetée dans un seau d'eau. On note la température de l'eau, avant et après l'expérience. On recommence, en remplaçant la pièce de monnaie par un gros morceau de fer. La température finale est-elle la même que la première fois? A quoi cette différence est-elle dûe?

Ou bien encore, on plongera un thermomètre de dimensions ordinaires dans un baquet d'eau dont on sait que la température est très différente de celle du thermomètre. De quelle température, la température finale du thermomètre sera-t-elle la plus voisine : de celle du baquet d'eau, ou de celle qu'il marquait tout d'abord lui-même? On ne manquera pas de recommencer l'expérience, en plongeant le réservoir du thermomètre dans un coquetier contenant quelques centimètres cubes d'eau seulement. En quoi les résultats diffèrent-ils des précédents? Et comment les interpréter?

Certes, ces observations et ces expériences ne présentent rien de rare et d'inattendu. Nous n'hésitons pas cependant à les recommander parce que, seules, elles sont de nature à imposer invinciblement à l'esprit de l'élève la nécessité de distinguer les notions de température et de quantité de chaleur. Il n'est pas difficile, il est vrai, d'amener l'élève à se servir assez congrûment de ces deux expressions; mais, combien de fois n'arrive-t-il pas que la correction du langage est purement formelle et que l'élève, se faisant illusion à lui-même, a plus ou moins perdu de vue le sens réel et positif de ces manières de parler?

Multiplions donc nos observations et nos expériences; et recommençons s'il le faut, sans nous lasser jamais. Prenons, par exemple, un litre d'eau à 90°; versons-le dans un litre d'eau froide; la température de cette dernière va se trouver très notablement élevée. Une légère pièce de métal, portée au rouge, n'aurait au contraire, élevé cette température que d'une façon inappréciable. Comment se fait-il donc que la même pièce de métal eût été capable, cependant, d'élever encore davantage la température d'une petite quantité d'eau primitivement prise à 90°?

37. — La quantité de chaleur est chose mesurable.

Reste à faire comprendre comment et pourquoi la quantité de chaleur est une grandeur mesurable.

Un bec de gaz bien réglé nous donne l'idée d'une quantité de chaleur proportionnelle au temps.

Deux becs de gaz, produisant séparément pendant le même temps des effets identiques, nous donnent l'idée de deux quantités de chaleur égales entre elles.

Ces deux becs de gaz, appliqués simultanément à un

même récipient, nous donnent l'idée d'une quantité de chaleur double d'une autre.

La quantité de chaleur se présente donc à l'observateur comme une grandeur essentiellement mesurable.

Aucune difficulté ne se présentera dès lors pour faire comprendre en quoi consiste l'unité de chaleur employée sous le nom de *calorie*, à savoir : la quantité de chaleur nécessaire pour élever de 1 degré centigrade la température d'un gramme d'eau pure.

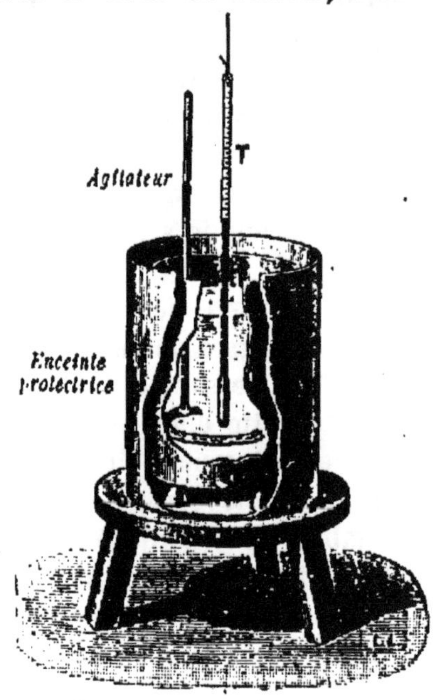

Fig. 32. — CALORIMÈTRE. — On mesure une quantité de chaleur, en observant l'élévation de température qu'elle produit sur une masse d'eau connue et thermiquement isolée du milieu extérieur.

38. — Comment on peut mesurer une quantité de chaleur.

On improvisera facilement un appareil de mesure. Un vase cylindrique en laiton mince (fig. 32), d'une contenance de 500 à 1 000 grammes d'eau, fera office de calorimètre.

On le fera reposer par trois pointes de liège sur le fond d'un autre vase cylindrique un peu plus large. Une balance de Roberval et un bon thermomètre à mercure compléteront notre matériel calorimétrique.

Supposons que notre calorimètre renferme 545 grammes d'eau.

Notons sa température : 11°,8.

Pesons un morceau de plomb, soit 467 grammes son poids; laissons-le quelque temps séjourner dans l'eau bouillante; puis immergeons-le rapidement dans l'eau du calorimètre; notons enfin la température jusqu'à laquelle monte l'eau du calorimètre; soit $14^{o}1$.

L'eau du calorimètre a donc reçu :

$$545\,(14,1 - 11,8) = 1\,253 \text{ calories.}$$

Ces 1 253 calories ont été abandonnées par le plomb. Or, le plomb s'est refroidi de $100 - 14,1 = 85^{o},9$. Le plomb, en se refroidissant de 1 degré n'aurait donc abandonné que

$$\frac{1\,253}{85,9} = 14^{cal},59.$$

Un gramme de plomb en aurait abandonné 467 fois moins; soit $\frac{14,59}{467} = 0^{cal},031$. Un gramme de plomb exigerait la même quantité de chaleur pour s'échauffer de 1 degré.

39. — Chaleur spécifique; chaleur de fusion.

Un gramme d'eau et un gramme de plomb exigent donc, pour s'échauffer d'un même nombre de degrés, des quantités de chaleur qui sont entre elles comme 1 000 est à 31.

Pour un même poids du corps à échauffer et pour une même élévation de température, l'eau exige plus de 30 fois la chaleur nécessaire au plomb. — Chaque corps se comporte donc, au point de vue qui nous occupe, d'une façon qui lui est propre; d'où découle très naturellement, et d'une façon imposée par l'expérience même, la notion de *chaleur spécifique*. La même remarque est applicable à la *chaleur de fusion* de la glace.

La définition de la chaleur spécifique ou de la chaleur de fusion doit suivre l'expérience, et non pas la précéder. C'est — répétons-le — une considération que l'on ne devrait jamais perdre de vue dans un enseignement vraiment rationnel des sciences expérimentales.

40. — Applications des principes précédents.

On traiterait de même, tout aussi facilement, et sans qu'il soit nécessaire d'y insister ici, la question de la *chaleur de vaporisation.* L'élève ne pourra manquer d'être frappé par la quantité considérable de chaleur uniquement employée à fondre la glace ou à vaporiser l'eau, sans se manifester par aucune élévation de température.

Une fois en possession des principes et de la méthode de la calorimétrie, il serait bon, pour assurer les résultats acquis, de revenir à la thermométrie. Pourquoi par exemple, ne procéderait-on pas aux expériences suivantes? Un petit morceau de cuivre de quelques grammes est introduit, pendant quelques instants, dans les diverses régions de la flamme d'un brûleur à gaz, puis, à chaque fois, plongé dans un petit calorimètre à eau dont on note l'élévation de température. — En déduire les réponses aux questions suivantes : La flamme est-elle plus chaude à la sortie du bec, ou vers son extrémité supérieure? sur ses bords, ou en son milieu? Est-elle plus chaude, quand on mélange de l'air au jet de gaz combustible (flamme pâle), ou quand le gaz brûle, sans avoir été préalablement additionné d'air (flamme brillante)?

On pourrait remplacer le petit lingot de cuivre successivement par de l'argent, du zinc, du plomb ou de l'étain. A quelles hauteurs dans la flamme ces différents métaux commencent-ils à fondre? Que peut-on en déduire sur l'ordre dans lequel sont disposées leurs températures de fusion?

Ce retour en arrière nous mettra en possession définitive des notions propres à la thermométrie et à la calorimétrie.

41. — Dilatations.

Les dilatations des solides sont faciles à observer et même à déterminer avec une assez grande approximation.

Un tube de laiton (fig. 33) horizontal est maintenu fixe à l'une de ses extrémités B. Par l'autre, B', on le fait appuyer sur une plaque de verre horizontale, qui lui sert de support. Entre le tube et la plaque on introduit une courte aiguille

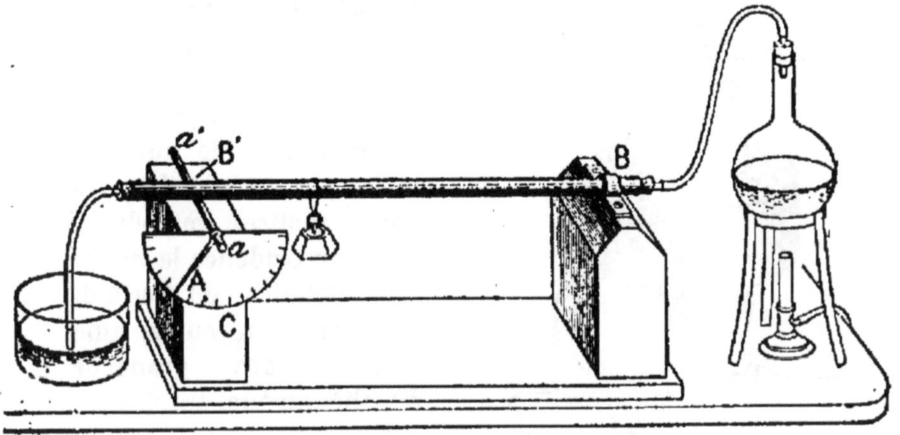

Fig. 33. — Dilatation d'un tube de laiton ou de verre. — Les petits allongements du tube sont mis en évidence par les déplacements très sensibles d'un fétu de paille au voisinage d'un cadran divisé.

d'acier *aa'*. Un poids suspendu vers l'extrémité libre du tube appuie cette extrémité sur l'aiguille qui se trouve donc serrée entre le tube et la plaque de verre. Que l'on fasse maintenant arriver de la vapeur d'eau bouillante par la première extrémité du tube; il s'allonge, frotte sur l'aiguille; celle-ci se met à rouler sur la plaque de verre; un fétu de paille *a*A fixé à l'extrémité de l'aiguille permet de relever sur une division en papier l'angle dont l'aiguille a tourné. Une mesure du diamètre de l'aiguille avec un simple palmer permettrait facilement de déterminer le coefficient de dilatation du tube à $\frac{1}{20^e}$ ou à $\frac{1}{50^e}$ près. On devra toutefois ne pas perdre de vue que la quantité dont le tube s'est allongé est exactement le double de celle dont l'aiguille s'est, en roulant, déplacée sur la plaque de verre.

On pourrait même trouver ici l'occasion d'une petite expérience de géométrie appliquée : Un crayon repose sur une feuille de papier réglé, parallèlement aux lignes tracées sur la feuille. Un double-décimètre, que l'on frotte légèrement à la surface du crayon, fait rouler ce dernier sur la feuille. On note, pour un tour entier du crayon : 1° le déplacement du point où la feuille est touchée par le crayon ; 2° le déplacement du point par lequel le double-décimètre repose sur le crayon ; 3° enfin, le chemin total effectué par le point de la règle divisée qui primitivement était en contact avec le crayon.

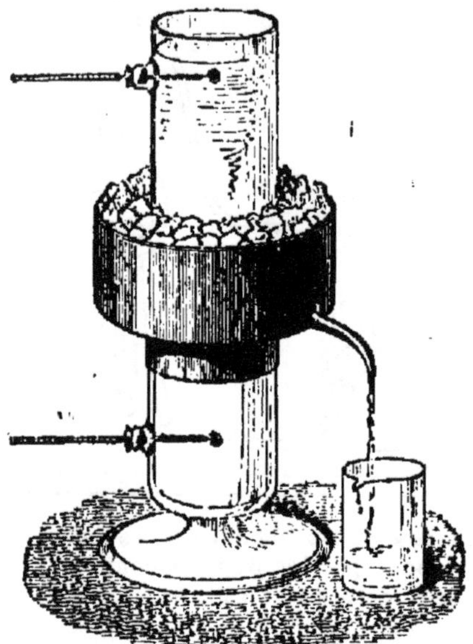

Fig. 34. — EXISTENCE D'UN MAXIMUM DE DENSITÉ DE L'EAU. — On observe que le thermomètre inférieur peut marquer 4°, alors que celui du haut marque des températures plus élevées ou plus basses ; ce qui démontre que la densité de l'eau est maxima à 4°.

En tous les cas, il suffira de remplacer le tube de laiton par un tube de verre pour mettre immédiatement en évidence la moindre dilatation du second. On aura, en outre, une idée de l'ordre de grandeur du phénomène.

On ne manquera pas non plus de comparer les dilatations des solides à celles des liquides et des gaz ; et l'on insistera particulièrement sur la différence très marquée de leurs ordres de grandeur.

42. — Cas de l'eau.

Le cas de l'eau devra être examiné spécialement. Il sera bon de reprendre l'expérience de Hope (fig. 34) et d'en faire traduire les résultats par un tracé graphique donnant la marche de chacun des deux thermomètres, en fonction du temps. Ce sera pour notre jeune élève une expérience à la fois instructive et récréative et qui présente, en outre, ce très grand avantage que tous les détails en peuvent être facilement et directement compris de lui.

43. — Températures de changements d'état.

La constance de la température pendant les changements d'état (fusion, solidification, ébullition sous pression constante) se prête à des expériences faciles, connues, et qui, d'ailleurs, sont de première importance. Nous n'insisterons pas.

Toutefois, l'occasion est trop belle pour que nous n'en profitions pas doublement :

1° Il nous sera facile de donner à notre élève une première idée des *équilibres physiques*, de leur généralité et de leur importance.

2° Nous lui ferons remarquer qu'une loi peut être établie sans grand renfort d'appareils et d'opérations compliquées. La simple observation de la température a suffi pour établir des lois très précises et très importantes.

44. — Propagation de la chaleur.

Les divers modes de propagation de la chaleur se prêtent à des expériences faciles.

Prenons pour termes de comparaison le marbre et le bois. Tout le monde a constaté combien diffèrent les impressions ressenties au contact de ces deux corps. C'est un fait d'observation vulgaire qu'une chambre dallée ou carrelée est plus froide aux pieds nus qu'une chambre parquetée. Il importe de bien faire comprendre à notre élève la raison de ces différences d'impression.

Prenons donc une lame de bois et une plaque de marbre de même épaisseur. Sur l'une et l'autre, étalons une mince couche de stéarine fondue. Après solidification de la stéarine, touchons l'une et l'autre, en un point de leurs surfaces, par deux pointes de fer également chauffées dans la flamme d'une bougie. Deux cercles de stéarine fondue apparaissent, dont les rayons sont très inégaux; la nappe liquide s'étend beaucoup plus loin sur le marbre que sur le bois. De lui-même, notre jeune observateur saisira le lien logique qui rattache l'un à l'autre deux ordres de phénomènes observés : d'une part, la très réelle conductibilité du marbre pour la chaleur et, la froideur uniquement apparente que lui reprochaient nos jugements trop superficiels et trop précipités. Les faits ont d'eux-mêmes fourni la réponse à la question posée; l'enfant est assez observateur pour ne pas la laisser passer inaperçue.

A étreindre un objet métallique, placé à l'intérieur d'un hammam, nous risquerions de nous brûler cruellement. A étreindre le même objet, transporté par notre imagination dans les régions éternellement glacées du pôle, nous risquerions de nous geler les mains. Le contact du bois n'aura jamais pour nous de conséquences aussi extrêmes.

On n'éprouvera aucune difficulté à varier les observations et les remarques de ce genre. Pourquoi les fers à souder, dont se servent étameurs et plombiers, doivent-ils être munis de manches en bois, et les casseroles de manches en fer? Pourquoi un même récipient, entouré de laine, de feutre ou de liège, est-il également apte à protéger des liquides chauds contre le refroidissement ou des liquides froids contre le réchauffement extérieur? Devant un résultat aussi simple, notre jeune élève ne songera certainement pas à manifester le même étonnement stupide que le Satyre de la Fable, à l'aspect du passant qui souffle sur ses doigts pour les réchauffer et sur son potage pour le refroidir?

Pourquoi une même étoffe légère, successivement tendue sur une boule de bois puis sur une boule de cuivre, ne se comporte-t-elle pas de la même façon, si l'on vient alors à la toucher avec un charbon rouge? Pourquoi s'enflamme-t-elle très rapidement dans le premier cas, tandis que, dans le second, elle n'est ni brûlée, ni même endommagée?

La notion de *conductibilité calorifique* se dégage tout naturellement de ces observations, ainsi qu'une première idée, assez juste d'ailleurs, du mécanisme même de ce phénomène. On comprendra immédiatement par exemple que l'anthracite plus compact doit être plus conducteur que le noir de fumée ou la suie. On ne s'étonnera plus que le premier soit si difficile à allumer et nécessite pour brûler un tirage énergique, tandis qu'il peut suffire d'une étincelle ou d'une escarbille tombant sur un morceau d'amadou ou sur un tas de sciure de bois pour provoquer une inflammation définitive. Un foyer de charbon de terre ou de coke s'éteint assez facilement, si la circulation de l'air n'est pas assurée à travers sa masse. Au contraire, un peu de braise légère peut être conservé longtemps sous la cendre qui, très peu compacte, est, par suite, très mauvaise conductrice de la chaleur.

45. — Émission et absorption de la chaleur.

Une timbale d'argent, contenant de l'eau et un thermomètre, peut être exposée aux rayons du soleil. Comparons la marche du thermomètre, suivant que la surface de la timbale est nue ou recouverte de noir de fumée.

Plaçons ensuite la même timbale, contenant de l'eau chaude, dans une salle fermée, à température uniforme. Observons à nouveau la marche du thermomètre; et rapprochons les résultats obtenus dans les deux cas, où la surface de la timbale est nue, ou recouverte de noir de fumée.

En face des données de cette seconde série d'expériences plaçons ceux de la première. On en déduira tout naturellement le rôle capital de l'état de la surface dans le rayonnement calorifique. On verra également se manifester la relation fondamentale qui existe entre les facultés d'absorption et d'émission d'un même corps. *Les corps qui rayonnent le mieux sont aussi ceux qui absorbent le mieux la chaleur.*

On pourra enfin exposer un thermomètre au rayonnement d'une source de chaleur, puis interposer entre la source et le thermomètre une lame de verre transparente. L'expérience se fera en prenant comme source, soit un poêle, soit une lampe allumée. La conclusion s'imposera d'elle-même : Une lame de verre laisse passer une grande partie de la chaleur qui lui vient d'une source lumineuse (soleil ou lampe allumée); elle arrête presque totalement la chaleur qui provient d'une source obscure (poêle ou chaudière). Si l'on est à la campagne, on ne manquera pas d'apporter une

Fig. 35. — Serre vitrée. — Le vitrage laisse, pendant le jour, passer la chaleur solaire, mais ne laisse pas, pendant la nuit, passer la chaleur obscure des corps placés à l'intérieur de la serre. La serre s'échauffe fortement pendant le jour et se refroidit peu pendant la nuit.

confirmation directe à ces conclusions. Il suffira d'une promenade dans une serre vitrée (fig. 35), ou de la simple inspection des modestes châssis de verre sous lesquels horticulteurs et maraîchers ont coutume de faire leurs semis et de cultiver ensuite le frêle et naissant espoir des récoltes futures.

Pour toutes ces questions, si complexes et si variées, qui se rattachent à la propagation de la chaleur (rayonnement, conductibilité, émission, etc.), point n'est besoin d'aucun appareil spécial; la simple observation y peut suffire, aiguisée d'un peu de sens critique.

46. — Une excursion d'études à la cuisine.

Les fourneaux à gaz, qui servent couramment de sources de chaleur dans nos cuisines, peuvent être un intéressant objet d'études. Après que nous aurons fait à la cuisinière les compliments obligatoires sur son dernier entremets, la place forte, je veux dire la cuisine, nous sera livrée sans trop de difficultés; et, puisqu'il ne s'agit pas d'orthographe, gardons-nous de dédaigner les utiles enseignements que nous pouvons recueillir auprès d'une cuisinière, consciente de la dignité de son art. Elle se propose, par exemple, tout simplement de chauffer de l'eau. Sans en faire mystère, elle met l'eau dans une casserole, qu'elle place ensuite sur un des « ronds » du fourneau préalablement allumé. Observez la flamme. Due à la combustion d'un mélange de gaz et d'air, elle est d'un bleu très pâle. Très peu éclairante, elle chauffe très bien les corps qui sont à son contact. Par contre, elle ne chauffe pas les objets éloignés. *La flamme est très chaude; elle rayonne très peu.*

S'agit-il au contraire de la préparation d'un rôti. Ici, la flamme sera éclairante, d'un jaune vif éblouissant. D'ailleurs, le grésillement des chairs et leur alléchante odeur ne tardent pas à nous faire monter l'eau à la bouche. Nous sommes ainsi avertis que notre seconde flamme, bien que beaucoup moins chaude, rayonne cependant beaucoup plus énergiquement que la première; elle chauffe les corps placés à distance; la première ne chauffait que ceux qui étaient placés à son contact.

47. — Ce qu'il y a dans une flamme.

Mais, puisque notre séjour à la cuisine ne saurait être prolongé sans encourir les plus graves catastrophes (pot-au-feu tari, rôti carbonisé) gardons-nous d'amonceler sur nos têtes les plus redoutables récriminations, et songeons prudemment à exécuter une retraite en bon ordre. Il nous sera tout au moins permis de reprendre à loisir les observations que nous venons de faire à la hâte. Un brûleur de Bunsen (fig. 36), muni de sa virole, conviendra à cet usage. Nous verrons que, la virole fermée, la flamme est très peu chaude. La raison en est simple : La combustion est incomplète. Et nous nous en assurons immédiatement, car la flamme abandonne un épais dépôt de charbon sur une soucoupe de porcelaine que l'on promène à son intérieur. La même flamme est fortement éclairante. Nous en concluons que la présence, dans la flamme, de morceaux de charbon incandescents contribue à lui donner un vif éclat.

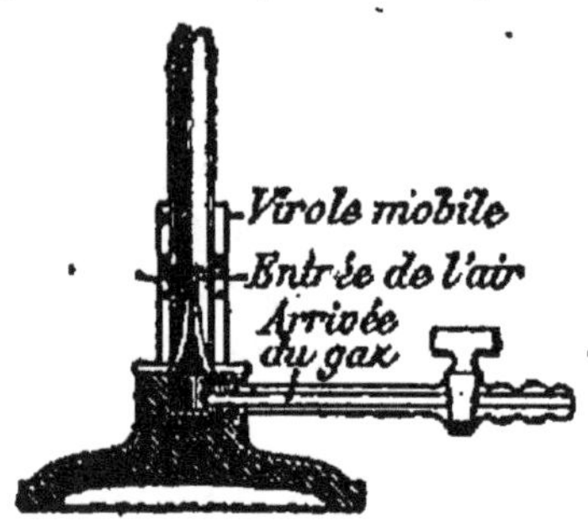

Fig. 36. — Bec Bunsen. — Si la *virole mobile* est ouverte, la flamme est chaude, mais peu éclairante. Si la virole est fermée, la flamme est éclairante, mais peu chaude ; elle contient en suspension du noir de fumée qui n'a pas brûlé.

La contre-épreuve s'indique d'elle-même. Ouvrons la virole : l'air et le gaz se mélangent intimement, avant de brûler. La combustion, au lieu de se faire uniquement sur les bords de la flamme, se fait maintenant en tous les points situés à son intérieur. Elle est donc complète ; d'où, une double conclusion : La température doit être plus élevée, c'est ce que l'on constate directement ; il ne doit plus rester de particules solides de charbon dans la flamme, privée de tout éclat. Une soucoupe, promenée à son intérieur, ne se recouvre plus de noir de fumée.

Un bout de tube de verre peut être fondu et facilement travaillé dans la seconde flamme ; on ne pouvait le ramollir dans la première. Des grains de poussière projetés dans la flamme pâle (il suffit de frapper légèrement la manche de son vêtement à peu de distance de la flamme) lui donnent aussitôt un très vif éclat.

Ces exemples peuvent être multipliés. Il devront l'être, jusqu'à ce que l'élève ait compris les distinctions essentielles sur lesquelles nous venons d'insister.

Ici, tout particulièrement, puisqu'il s'agit de corps chauds et de sources rayonnantes, puisqu'il est question de chaleur et de température, il faut se garder de formules toutes faites, dont l'élève ne pourrait réellement comprendre le sens. Les faits d'abord, aussi simples que possible; les énoncés (si l'on y tient) ne doivent venir qu'après; ils doivent être formulés de façon à rappeler et à résumer les faits observés.

Nous ne dirons rien sur le mode de propagation de la chaleur que l'on désigne sous le nom de *convection*. Les liquides et les gaz ne sont habituellement chauffés que par convection. Le chauffage des appartements par l'air chaud est une des applications les plus intéressantes de ce fait.

48. — Dissolution, Cristallisation, Sursaturation.

La *dissolution* et la *cristallisation* donneront lieu à des expériences variées et faciles : cristallisation par voie sèche (soufre, iode, naphtaline); cristallisation par voie humide (fig. 37), (soufre, sulfate de cuivre, sulfate de sodium, alun, etc). Un graphique permettra de résumer les résultats épars, fournis par les expériences de dissolution.

Fig. 37. — Cristaux d'alun. — Ils affectent la forme d'octaèdres réguliers.

Des applications numériques sont tout naturellement indiquées avec leurs vérifications expérimentales. Exemple : on a une solution saturée pour laquelle la courbe de dissolution a été construite. Quel poids de sel déposera-t-elle à une température donnée? On a plusieurs solutions saturées; à quelle température ont-elles, deux à deux, même solubilité.

Ces expériences nous conduiront tout naturellement à observer les phénomènes de *sursaturation* (acétate et hyposulfite de sodium) et à en dégager l'idée si importante de *faux équilibre*. De là à la *surfusion* le passage est trop naturel, pour qu'il soit besoin d'insister davantage.

49. — Observation des météores.

Il est toujours bon de montrer à l'élève que les résultats obtenus ne sont pas seulement valables pour nos appareils ou pour nos moyens d'observation. Autrement dit, il importe que notre élève soit le plus tôt possible convaincu que l'on ne saurait opposer l'une à l'autre deux sciences, dont l'une serait la science de la nature et l'autre la science du laboratoire.

Rien ne répondra mieux à ce desideratum que l'observation des grands phénomènes naturels. Le vent, les nuages, le brouillard, la pluie, la neige, le verglas nous fournissent d'excellentes applications des lois que nous avions précédemment démêlées sur une échelle beaucoup plus réduite. Tout le monde sait comment la formation des vents réguliers (moussons, alizés, contre-alizés), qui sillonnent notre atmosphère est étroitement rattachée à l'échauffement du sol de notre planète, et par suite au cours régulier du soleil sur l'écliptique.

Personne n'ignore que l'évaporation de l'eau de la mer sous l'action des rayons du soleil et sa condensation ultérieure soit en gouttelettes très fines, soit en cristaux microscopiques dans les régions glacées de la haute atmosphère permettent d'expliquer toutes les particularités que présente l'étude des nuages et de la pluie.

Le verglas, la rosée, le brouillard, la neige, avec ses cristaux (fig. 38), donneront des sujets d'observation les plus variés. A nous de ne laisser passer aucune occasion d'y intéresser notre élève.

Peut-être la régularité des brises de terre et de mer l'intéressera-t-elle plus que l'expérience de la flamme de bougie placée dans l'embrasure d'une porte entr'ouverte; peut-être la formation rapide des nuages et des brouillards en pays de montagnes frappera-t-elle plus son imagination que la contemplation d'un alambic donnant de l'eau distillée ou de l'eau-de-vie de marc. Peu importe le chemin par lequel la vérité accède à notre esprit. Apprenons à notre élève à lire ouvertement, dans le grand livre de la nature, ce que peut être il n'avait tout d'abord déchiffré qu'à grand peine dans nos premières observations.

Celles-ci ont pu lui paraître un peu étriquées et factices; il doit finir par comprendre qu'elles étaient une nécessité

Fig. 38. — Cristaux de neige. — Ces cristaux affectent la forme d'étoiles à six branches.

imposée au chercheur qui veut contraindre la nature à lui livrer son secret. Il entrevoit que, si les procédés de recherches sont infiniment divers, la science reste invariablement une.

50. — Diverses formes de l'énergie mécanique.

Notre étude de la chaleur pourrait se borner aux questions que nous avons rapidement indiquées, si toutefois il nous était permis de passer sous silence les relations profondes qui rattachent la chaleur à la Mécanique.

Bien que nous ne puissions entreprendre une étude, même

sommaire, de la thermodynamique, nous ne pouvons cependant laisser notre élève dans l'ignorance des idées les plus fécondes peut-être, les plus générales certainement, qui se soient jamais présentées à l'homme dans l'histoire des sciences expérimentales. Le principe de la conservation de l'énergie, la notion même de l'énergie et de ses transformations mutuelles dominent de haut toutes les merveilleuses découvertes dont s'enorgueillit le XIXe siècle.

Il nous sera facile d'éveiller l'esprit de notre élève à ces idées. Déjà, nous avons pu saisir l'occasion de lui montrer la conservation du travail dans une machine supposée parfaite (balance de Roberval, plan incliné, machines simples). Il nous sera facile de lui faire comprendre le concept de *l'énergie.*

Un poids est soulevé à une certaine hauteur; on peut utiliser sa chute à produire un travail, par exemple à entretenir la marche d'une horloge.

On dit que le poids possède de *l'énergie potentielle.* Celle-ci est évidemment proportionnelle à la masse du poids et à la hauteur dont il peut tomber.

Un boulet, animé d'une grande vitesse, vient rencontrer un obstacle. En le renversant, il produit un travail qui peut d'ailleurs être très considérable.

On dit qu'avant le choc il possédait de *l'énergie cinétique.* Celle-ci est d'autant plus grande que le mobile possède une plus grande *masse*, animée d'une plus grande vitesse.

Passons à un troisième exemple. Un corps tombe; son énergie potentielle diminue, au fur et à mesure que la chute se prolonge; en même temps, son énergie cinétique augmente, puisque la vitesse de chute est constamment croissante.

Que l'on arrête brusquement le mobile à un instant quelconque de sa chute, l'énergie cinétique du mobile s'annule, et se traduit par un certain travail que nous pouvons recueillir à ce moment; ajoutons à ce travail celui qui nous restera à percevoir quand le corps achèvera plus tard sa chute interrompue. L'expérience montre que le travail total ainsi obtenu est constant, en quelque endroit de sa chute que le corps ait été arrêté. On dit que *l'énergie totale se conserve*, pendant la chute du mobile.

Cet exemple, généralisé pour un mécanisme quelconque, constitue ce qu'on pourrait appeler le principe de l'équivalence des énergies potentielle et cinétique. Ce principe ne saurait être mis en doute. Notre élève en comprendra très vite la portée universelle, pour peu qu'on se donne la peine de varier les points de vue qu'on proposera à son attention.

Fig. 39. — ROUE HYDRAULIQUE. — L'eau, en tombant, alourdit la roue d'un côté et l'oblige à tourner en entraînant les mécanismes commandés par l'engrenage latéral.

Un des exemples qui se présentent le plus naturellement à l'esprit est celui d'une *chute d'eau*. C'est l'énergie disponible dans la chute d'eau qui fait tourner les moulins (fig. 39) et les turbines placés sur son parcours. On a une provision d'énergie à un niveau élevé, en amont de la chute; quand l'eau est sortie de la machine qu'elle a mise en mouvement, elle est descendue à un niveau situé plus bas; elle est en aval; l'énergie potentielle de la chute a été dépensée. Une remarque s'impose cependant. Comment se fait-il que, le plus souvent, la roue hydraulique ou la turbine soient précisément situées au bas de la chute, puisqu'en cet endroit l'eau est déjà descendue et par suite ne peut tomber plus bas? La réponse est simple. L'eau a perdu, il est vrai, son énergie potentielle à l'endroit considéré; mais, elle l'a échangée contre une quantité d'énergie cinétique, exactement équivalente. Cette énergie cinétique va être abandonnée aux augets ou aux ailettes du moulin; et une fois que l'eau sera sortie de la machine, elle n'aura plus ni énergie potentielle, puisqu'elle ne peut pas descendre plus bas, ni énergie cinétique, puisque sa vitesse est désormais complètement annulée. Son énergie totale a été cédée à la machine mise en mouvement.

51. — La chaleur considérée comme une des formes de l'énergie.

Reprenons cependant l'exemple d'une pierre qui tombe sur le sol. Son énergie potentielle diminue, son énergie cinétique augmente, pendant toute la durée de la chute; c'est une chose qui, admettons-le, a été bien comprise. Mais la pierre est venue rencontrer le sol; après quelques derniers sursauts, elle est entrée dans un état de repos absolu. Elle n'a donc plus d'énergie potentielle, puisqu'elle ne saurait tomber plus bas; elle n'a pas davantage d'énergie cinétique, puisque sa vitesse est nulle. Qu'est devenue son énergie primitive qui devait, pensions-nous, rester constante?

Un boulet de canon vient de frapper le but; qu'est devenue son énergie? Un train de wagons est subitement arrêté en pleine vitesse par le jeu des freins; son énergie cinétique est soudainement annulée. On ne voit pas qu'elle ait été compensée par un accroissement de l'énergie potentielle. Les exemples de ce genre se pressent en foule autour de nous.

A nous de montrer ou plutôt de faire constater que, dans chacun des cas précédents, et dans tous les cas semblables, *il y a eu production de chaleur*. Une lame de plomb, que l'on plie et replie un grand nombre de fois, ne tarde pas à s'échauffer. L'échauffement est plus sensible encore, si la lame est frappée à coups de marteau redoublés.

Une scie s'échauffe, quand on s'en sert pour couper bois ou métaux. Un clou s'échauffe, quand on l'arrache d'une planche épaisse. Roues et coussinets de wagons s'échauffent très rapidement au point de pouvoir enflammer les objets en bois qui viendraient à leur contact; d'où nécessité d'un graissage soigneusement et fréquemment renouvelé.

Si un train est subitement arrêté en pleine vitesse, on peut, par une nuit profonde, apercevoir des étincelles qui jaillissent au contact des roues et des freins. C'est un phénomène de même ordre qui se produit d'ailleurs quand les étincelles jaillissent au contact de l'outil et de la meule à aiguiser. La haute température, développée par le frottement, suffit à enflammer des parcelles d'acier détachées par la meule.

Les explorateurs nous ont raconté comment certaines peuplades sauvages se procuraient du feu, en frottant l'un contre l'autre deux morceaux de bois très sec. Au fond, quoique nous soyons très fiers des progrès de notre industrie, nous n'opérons guère autrement. C'est le frottement qui échauffe le phosphore de nos allumettes et les allume même quelquefois. C'est le frottement qui échauffe le ferro-cérium de nos briquets, provoque son oxydation, puis l'inflammation d'une mèche imprégnée d'essence minérale.

Des étincelles détachées de nos meules et de nos briquets, pourquoi ne porterions-nous pas notre attention sur le spectacle grandiose que nous offrent si libéralement nos belles nuits d'été? Les étoiles filantes sont-elles autre chose que de petites masses solides, errantes dans l'immensité, et qui, venues à la rencontre de notre atmosphère, subissent une rapide diminution de leur énergie cinétique transformée en chaleur?

La transformation de l'énergie mécanique en chaleur est donc d'observation courante. La transformation inverse ne sera pas difficile à mettre en évidence.

Toute substance que l'on chauffe se dilate (exception faite pour l'eau, entre 0° et 4°). Elle travaille donc; ne serait-ce qu'en faisant subir un déplacement aux points de sa surface extérieure sur laquelle s'exerce la pression atmosphérique; cet effort, de plus de 1 kilog par centimètre carré, est loin d'être négligeable. Il est notable dans le cas d'un gaz ou d'une vapeur, que l'on chaufferait dans un cylindre, fermé par un piston mobile sans frottement. Ici, le travail fourni au piston n'a manifestement pas d'autre origine que la chaleur employée à échauffer le gaz ou la vapeur. Sera-t-il bien nécessaire de faire des expériences spéciales pour mettre ce point en lumière? Pense-t-on qu'il en soit ainsi? Que l'on prenne donc un petit ballon de verre, contenant quelques grammes d'eau; on fermera par un bouchon de caoutchouc, et l'on chauffera avec précaution, en ayant soin d'incliner le col du ballon dans une direction convenable. Le bouchon vivement projeté nous confirmera qu'un travail peut être obtenu par une simple dépense de chaleur.

On peut aussi procéder à l'expérience inverse. Un ballon de verre contient de l'air humide, comprimé à 2 ou 3 atmosphères. On le laisse se détendre brusquement. Un nuage de gouttelettes liquides apparaît aussitôt à l'intérieur du ballon, manifestant ainsi un refroidissement intense.

L'air du récipient a dû, en se détendant, exécuter un travail contre la pression atmosphérique extérieure. Son énergie a donc dû diminuer; il a perdu de la chaleur.

Cette expérience est particulièrement intéressante, puisqu'elle met en évidence le principe de la *détente*, si heureusement appliqué dans la *liquéfaction des gaz* (machines de Linde et de Claude). Un gaz, fortement comprimé puis brusquement détendu, subit un abaissement considérable de température. Le même effet, plusieurs fois renouvelé, peut amener le gaz à une température assez basse, pour provoquer sa liquéfaction; c'est ainsi qu'aujourd'hui tous les gaz, sans aucune exception, ont pu être liquéfiés d'abord et finalement solidifiés.

52. — Mesure de l'équivalent mécanique de la calorie.

La chaleur étant considérée comme une forme particulière de l'énergie, il ne reste plus qu'à comparer entre elles l'énergie de forme mécanique à l'énergie de forme calorifique. Des expériences simples vont nous permettre de nous faire une idée approchée de l'équivalent mécanique de la calorie.

Un tube de verre, de 1 mètre de long environ et de 3 centimètres de diamètre intérieur, est fermé à ses deux bouts par des bouchons de liège. On y renferme 1 kilogramme environ de mercure, dont on a au préalable déterminé exactement la température. On le retourne un grand nombre de fois, bout pour bout, en ayant soin de le tenir à la main par les bouchons; puis, on détermine rapidement la température finale du mercure. On en déduit, pour l'équivalent mécanique de la calorie, une valeur qui, sans être d'une grande précision, sera cependant d'un ordre de grandeur convenable; et c'est cela seulement que nous pouvons nous proposer de déterminer.

Notre élève ne fera aucune difficulté d'admettre un résultat aujourd'hui parfaitement établi par des expériences plus soignées, plus difficiles et plus précises que les nôtres.

Il est bon qu'il sache que : produire un travail de 425 kilogrammètres, c'est mettre en jeu la quantité d'énergie qui serait nécessaire pour échauffer un kilogramme d'eau de 1 degré.

53. — De la qualité de l'énergie.

Les applications quantitatives se présenteront nombreuses; on ne devra pas les négliger. Telle machine à vapeur, employée aux travaux agricoles; telle locomotive, telle automobile, tel motocycle nous sont donnés comme ayant une puissance de tant de chevaux-vapeur. Quelle quantité de chaleur serait équivalente au travail que fournissent ces machines pendant un temps donné? Quelles quantités de charbon ou de pétrole seraient nécessaires pour obtenir ces quantités de chaleur?

Le calcul est facile; il pourra même être très rapide, puisque nous nous contenterons évidemment de données très approximatives, qui n'ont même pas besoin d'être exactes à $\frac{1}{20}$ près.

Nous pouvons admettre, par exemple, qu'un kilogramme de charbon donne en brûlant 8000 grandes calories; 1 kilogramme de pétrole, 10 000.

Le calcul effectué, toujours ressortira entre le résultat obtenu et les données directes de l'expérience un désaccord absolument irréductible. Toujours, le charbon consommé par la machine à vapeur, le pétrole absorbé par le moteur à explosion seront en quantités beaucoup plus grandes que celles que l'on aura calculées par l'application du principe de l'équivalence. La conclusion s'impose :

Une partie notable de la chaleur dépensée ne se transforme pas en travail. Il est impossible d'opérer une transformation intégrale de la chaleur en travail.

Une partie de la chaleur dépensée échappe nécessairement à cette transformation. Le travail mécanique peut se convertir totalement en chaleur, la proposition réciproque n'est pas vraie. On dira que *l'énergie mécanique est de qualité supérieure à l'énergie calorifique.*

De là, cette idée qui s'impose, d'une *différence de qualités* entre les *diverses formes de l'énergie.*

La quantité de travail utilisable, que représente une quantité de chaleur donnée, est d'autant plus grande qu'on dispose de cette quantité de chaleur à une température plus élevée, ou, plus exactement, que le transfert de cette quantité de chaleur peut s'effectuer d'une température plus élevée à une température plus basse.

La même quantité de chaleur est de meilleure qualité à 500° qu'à 100°. Un œuf ne cuirait pas dans l'eau d'une baignoire, quoiqu'on ait dépensé beaucoup plus de chaleur à la préparation d'un bain, qu'on n'en dépense habituellement à la préparation d'un œuf à la coque.

Cette notion de qualité de l'énergie peut facilement se généraliser. Toutes les formes de l'énergie tendent, en se transformant, à prendre la forme calorifique. Les frottements, les chocs dégagent de la chaleur. Le courant électrique échauffe les conducteurs qu'il traverse. Cette chaleur ainsi dégagée est de l'énergie dégradée; elle ne pourrait se transformer en énergie mécanique que très partiellement.

La chaleur, elle-même, ne peut passer spontanément que des corps chauds sur les corps froids. Jamais, elle n'effectue le passage inverse, à moins d'intervention d'une énergie étrangère. L'énergie calorifique tend donc, elle aussi, à se dégrader.

Cette idée si profonde de la dégradation de l'énergie constitue la découverte capitale qui a immortalisé le nom de Carnot.

Pour résumer cette rapide étude sur les transformations de l'énergie, nous terminerons par deux énoncés de formes particulièrement concises :

1° *La quantité d'énergie se conserve* (Principe de la conservation de l'énergie);

2° *La qualité de l'énergie* (sa virtualité de transformation) *se dégrade* (Principe de Carnot).

CINQUIÈME PARTIE

ACOUSTIQUE

54. — Hypothèses des fluides. Le mécanisme en Physique.

L'homme a toujours éprouvé le besoin de comprendre et d'interpréter les phénomènes dont il est le témoin. Dans ses tentatives continuellement répétées pour expliquer le monde extérieur, sa première tendance a toujours été d'imaginer quelque fluide particulier, propre à chaque ordre de phénomènes physiques. C'est ainsi que sont apparus successivement le fluide calorifique, le fluide lumineux, les fluides électriques et magnétiques, etc., etc.

Dès que les faits ont été mieux étudiés et les relations qu'ils présentent entre eux plus profondément analysées, le physicien s'est aperçu que la nécessité logique de ces fluides ne s'imposait nullement à son esprit; que, tout au contraire, il ne pouvait continuer à admettre leur existence, sans négliger des liens multiples et profonds qui rattachent entre eux des phénomènes auxquels il avait tout d'abord supposé une essence différente.

Épris de clarté, il a cherché de plus en plus à ramener à des causes simples et générales l'infinie variété des formes et des phénomènes.

Ses premiers efforts dans cette voie ont été couronnés d'un succès qui a dépassé les plus folles espérances. Successivement, les plus belles conquêtes sont venues l'encourager à poursuivre la route ascendante où il s'était engagé. A mesure qu'il s'élevait davantage, son regard, portant plus loin, embrassait des régions de plus en plus vastes; ce furent d'abord les principes généraux de la mécanique, puis les lois de la gravitation universelle; ce furent enfin les principes de conservation de la matière et du travail et la réduction de la chaleur à une des formes de l'énergie. Ces généralisations successives le conduisirent naturellement à penser que tout phénomène physique peut, en dernière analyse, se ramener à une simple question de mécanisme. Et cette conviction ne peut aujourd'hui qu'être encouragée davantage encore par le haut point de perfection auquel nous voyons que sont parvenues la théorie cinétique des gaz ou des solutions, les théories particulaires de l'électricité et du magnétisme, ainsi que par les nombreuses et sensationnelles découvertes que nous apportent, pour ainsi dire de jour en jour, l'étude de la décharge dans les gaz raréfiés et les applications des ondes électriques.

Quoi qu'il puisse advenir de cette croyance à la possibilité de ramener tout phénomène physique à une simple question de mécanisme, il n'en restera toujours pas moins vrai qu'elle aura joué un rôle éminent dans l'histoire des découvertes.

55. — Mouvements vibratoires. Importance de l'Acoustique.

Or, s'il est un mode de mouvement que les théories physiques aiment à mettre en jeu, c'est bien le mouvement vibratoire. Si, d'autre part, il est un groupe de phénomènes où ce genre de mouvement se présente le plus directement sans intervention de théories ou d'hypothèses auxiliaires, ce sont incontestablement les phénomènes acoustiques. Et cela nous excusera, sans doute, d'avoir consacré quelques pages de ce petit ouvrage à l'acoustique.

L'étude de l'acoustique est intéressante d'abord par elle-même, puisqu'elle se rattache aux phénomènes généraux d'élasticité proprement dite (mouvement vibratoire du corps sonore et du milieu), aux questions délicates de physiologie (perception des qualités du son), ainsi qu'aux problèmes particulièrement difficiles et toujours controversés de l'esthétique musicale. Pour nous, cette étude sera plus intéressante encore, parce qu'elle est le préambule tout indiqué et pour ainsi dire nécessaire, des théories ondulatoires (lumière, électricité, magnétisme).

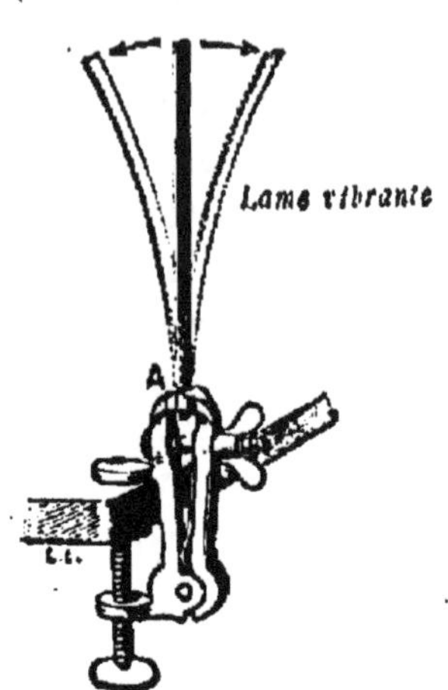

Fig. 40. — Vibrations d'une lame élastique. — Une lame élastique, écartée de sa position d'équilibre, exécute une série de va-et-vient de part et d'autre de sa position d'équilibre.

Nous chercherons donc à attirer l'attention de notre élève sur les mouvements vibratoires dont un corps sonore est le siège; et ce sera chose facile.

Les vibrations d'une lame élastique (fig. 40) suffisamment longue sont visibles à l'œil nu; de même, celles d'une corde (fig. 41) faiblement tendue. Il suffit de raccourcir la verge ou de tendre la corde davantage, pour rendre les vibrations de plus en plus rapides. D'abord assez lentes pour que l'œil puisse les suivre et les compter, elles se succèdent ensuite à de trop courts intervalles de temps pour qu'on

Fig. 41. — Vibrations d'une corde. — Quand la corde vibre, elle offre à l'œil l'aspect d'un fuseau renflé en son milieu.

puisse encore distinguer l'une de l'autre deux vibrations successives. Quand elles sont devenues assez rapides, l'oreille entend un son. Si, pendant que la verge résonne, on approche d'un de ses points un léger pendule à balle de sureau, celui-ci est vivement projeté, dès qu'il vient au contact de la verge; si, sur la corde tendue horizontalement on a disposé un cavalier de papier, celui-ci sera désarçonné, dès que l'on fera chanter la corde. Au contraire, pendule et cavalier restent au repos, quand la verge ou la corde sont muettes. Si, pendant que la verge ou la corde résonnent, nous les touchons légèrement du doigt, nous sentons un vif frémissement. Si nous appuyons fortement le doigt, le frémissement cesse, en même temps que le son s'éteint. Un verre à boire, une cloche de verre se prêteraient à des expériences du même genre.

De toutes ces observations, il est permis de conclure que *le son est dû à un mouvement vibratoire du corps sonore.* Il n'y a jamais de son, sans que certaines parties du corps sonore soient le siège d'un mouvement vibratoire. Dès que cesse le mouvement vibratoire, le son est supprimé; *le mouvement vibratoire ne produit un effet sur l'oreille, que s'il est suffisamment rapide.*

56. — Inscription d'un mouvement vibratoire.

Il sera d'ailleurs facile d'étudier ce mouvement vibratoire avec quelque détail. Prenons un diapason, ou, si ce petit instrument nous fait défaut, remplaçons-le par la paire de pincettes que nous emprunterons au foyer ou par la pince d'argent que nous retirerons du sucrier; une simple lame élastique d'acier pourrait d'ailleurs également bien convenir. Armons notre instrument d'une légère pointe de clinquant (fig. 42) que nous appuyons très faiblement sur une plaque de verre recouverte de noir de fumée. Le corps est alors mis en vibration; puis nous lui imprimons un déplacement rapide dans une direction perpendiculaire à celle de ses vibrations. Nous obtenons ainsi sur la plaque de verre une courbe festonnée, grâce à laquelle nous pouvons ensuite, à loisir, examiner les conditions dans lesquelles s'est produit le mouvement vibratoire.

Le *phonographe* n'est d'ailleurs pas autre chose qu'un appareil permettant tout d'abord d'inscrire les vibrations

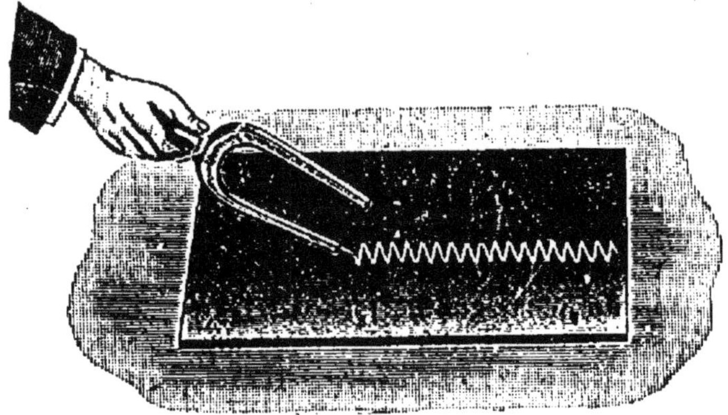

Fig. 42. — Mouvement vibratoire du diapason inscrit sur une plaque de verre enfumé. — Le style laisse sur la plaque une courbe sinueuse.

sonores les plus variées, et de reproduire ensuite ces mêmes vibrations, qui, sur notre oreille, produiront le même effet que le son primitif.

57. — Propagation du son.

Notre étude, très sommaire, de l'acoustique sera particulièrement utile à notre élève, s'il doit en tirer une idée exacte du mode suivant lequel se fait la propagation d'un ébranlement à travers un milieu élastique.

Certainement, il se fait une représentation assez juste de la manière dont l'eau s'écoule d'un tuyau de canalisation qui fournit à une usine l'énergie motrice dont elle a besoin ; il sait en quoi consiste le tirage dans une cheminée ou la ventilation dans une galerie de mine.

Par une induction trop naturelle, mais absolument erronée, il sera conduit à attribuer à la soufflerie de l'harmonium ou des grandes orgues un rôle prépondérant dans la production du son de ces instruments. On souffle dans les tuyaux pour les faire parler; comment pourrait-il supposer que l'écoulement du gaz ne soit pas la cause réelle et immédiate du son rendu? Comment pourrait-il être amené à établir de

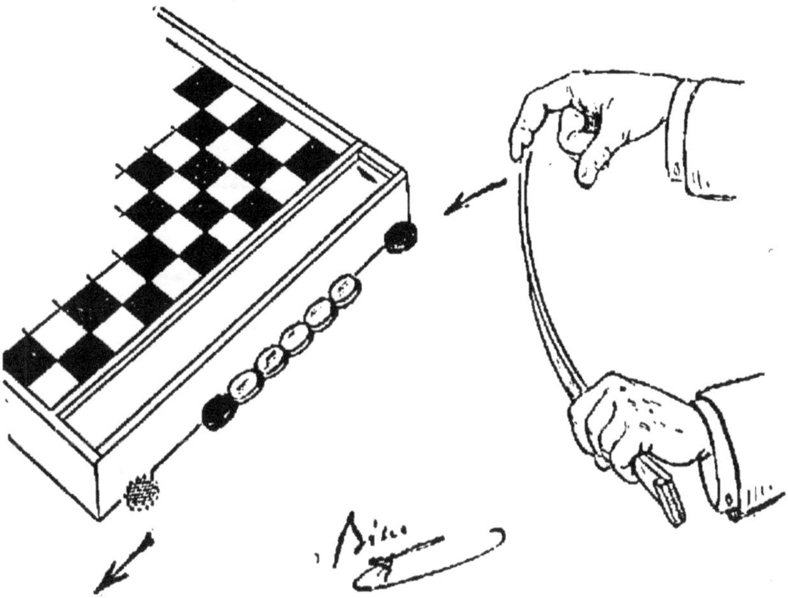

Fig. 43. — Image de la propagation d'un ébranlement a travers un milieu élastique. — L'ébranlement se transmet à travers les jetons du damier, qui tous, sauf le dernier, restent en repos.

lui-même une distinction essentielle entre ce déplacement matériel de l'air à travers les tuyaux et la propagation d'un ébranlement d'un point à l'autre d'un milieu non entraîné? Les expériences peuvent et doivent être multipliées pour faire ressortir l'importance de cette distinction.

Pour notre élève, insensible encore aux savantes combinaisons d'un Philidor, le jeu de dames ne saurait servir à meilleur usage. Sur le bord extérieur du damier (fig. 43), disposons sept à huit jetons, que nous plaçons bien en ligne, comme pour une parade militaire, en assurant le contact des etons voisins, entre eux. D'une chiquenaude, bien appliquée, lançons un autre jeton contre le premier jeton de la rangée; le dernier se détache, les autres restent immobiles. L'habileté se développant par la pratique, nous recommençons avec deux jetons l'opération qui nous a si bien réussi avec un seul. Les encouragements que nous n'aurons pas manqué de prodiguer à ce jeu d'adresse ne doivent pas nous empêcher d'en tirer un enseignement utile. L'ébranlement s'est propagé à travers un milieu élastique, dont la masse est finalement restée immobile, en sa position primitive.

De ces expériences portons maintenant notre attention sur

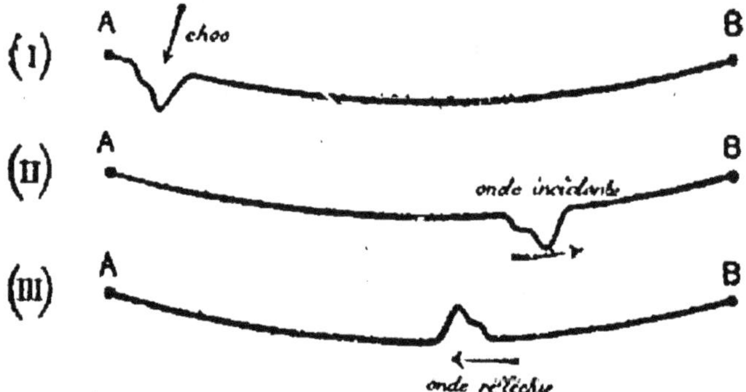

Fig. 44. — Propagation et réflexion d'un ébranlement le long d'une corde de caoutchouc. — La déformation, produite par le choc, chemine le long du tube avec une vitesse constante. Elle revient en sens inverse, chaque fois qu'elle atteint une des extrémités.

une masse d'eau, agitée par la chute récente d'une pierre et sur le bouchon alternativement soulevé et abaissé par le passage des ondes. Le bouchon se retrouve, quand tout est rentré au repos, à l'endroit même où il se trouvait au début.

Une longue corde de caoutchouc (fig. 44) est attachée à l'une de ses extrémités; l'autre extrémité est tenue à la main, où nous lui imprimons un choc. Le caoutchouc fléchit sous le choc, et nous voyons l'ébranlement communiqué au caoutchouc se propager, en conservant sa forme, vers l'autre extrémité de la corde (fig. 44, I, II). Ici encore, manifestement, l'ébranlement s'est propagé, sans que la matière même de la corde ait subi un déplacement d'ensemble.

Notre élève est ainsi préparé à comprendre que :

1° Les vibrations sonores ne se transmettent que par l'intermédiaire du milieu. Elles ne se propagent pas dans le vide; elles ne se propageraient pas davantage à travers un milieu non élastique.

2° Il existe une vitesse de propagation; c'est ce que constate déjà Lucrèce quand, dans son *De naturâ rerum*, il remarque que l'œil et l'oreille sont avertis, l'une après l'autre, du choc de la cognée du bûcheron contre l'arbre. Nous pouvons de même, à notre tour, apprécier approximativement la distance qui nous sépare d'un nuage orageux à l'intervalle de temps qui s'écoule entre l'éclair et le coup de tonnerre consécutif.

Les oscillations de notre caoutchouc sont transversales; celles qui ébranlent une masse d'air sont longitudinales. Cette distinction est d'importance, sans doute; mais l'élève la saisira sans peine.

58. — Réflexion du son.

On insistera de préférence sur les phénomènes de réflexion et de superposition des mouvements vibratoires. La corde de caoutchouc convient particulièrement bien à cet usage. Si nous suivons l'ébranlement qui s'est propagé de l'extrémité libre à l'extrémité fixe de la corde, nous le voyons, arrivé en ce point, revenir sur lui-même (fig. 44, II, III). On dit que le mouvement s'est *réfléchi*. Nous constatons que la déformation imprimée à la corde a conservé la même apparence, tout en changeant de sens; c'est-à-dire que, si, par exemple, la corde était, à l'aller, infléchie vers le bas, elle se déforme, au retour, vers le haut.

Imprimons maintenant à l'extrémité libre de notre corde un mouvement périodique que nous entretenons avec la main. Chaque point de la corde va se trouver, dès lors, successivement agité par le mouvement direct et par le mouvement réfléchi. Après de rapides essais, nous voyons la corde se diviser en plusieurs segments de même longueur, (fig. 45) présentant chacun l'apparence de fuseau. Nous observons, sur la corde, une série de points fixes équidistants N_1, N_2, N_3, N_4, ...; ce sont les *nœuds* de vibration. A égale distance de deux nœuds consécutifs, se trouvent d'autres points fixes V_1, V_2, V_3, V_4, ..., où le déplacement oscillatoire de la corde est maximum; ce sont les *ventres* de vibration.

Cette expérience nous conduit aux conséquences suivantes:

La superposition de deux mouvements vibratoires (mouvement direct et mouvement réfléchi) peut, en certains points

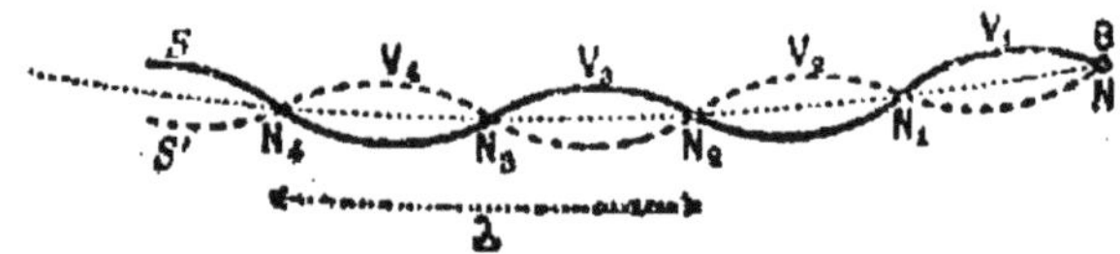

Fig. 45. — SUPERPOSITION DE DEUX MOUVEMENTS VIBRATOIRES SIMULTANÉS. — Les points fixes équidistants N, N_1, N_2, ..., sont des *nœuds* de vibrations. A égale distance de deux nœuds successifs, se forment les *ventres* de vibration, V_1, V_2, V_3, ... En ces derniers points, le déplacement résultant est maximum.

(les *nœuds*), produire un effet résultant nul, et, en d'autres (les *ventres*), un effet considérablement augmenté.

Cette expérience caractéristique suffira amplement à donner à notre élève une première idée de la manière si simple dont la Physique moderne interprète les *interférences* du son, de la lumière et des ondes électriques.

On ne concevrait pas qu'un fluide, ajouté à un même fluide, produisît un effet nul; on conçoit immédiatement que, pris dans certaines conditions, deux mouvements simultanés puissent exactement s'entre-détruire.

La même expérience nous donnerait immédiatement l'explication des propriétés si curieuses et si intéressantes des *cordes* et des *tuyaux sonores*. Il est inutile que nous insistions davantage sur ce point.

59. — Qualités du son.

Les qualités du son nous fourniront encore un sujet d'étude intéressant, si nous avons soin de faire ressortir l'étroite dépendance de nos impressions physiologiques avec les caractères purement physiques du mouvement vibratoire.

Nous avons appris à enregistrer un mouvement vibratoire, dans le but de l'étudier tout à loisir. Il nous resterait à constater comment l'*intensité du son* dépend de la profondeur des festons enregistrés; la *hauteur du son*, de leur fréquence; et le *timbre du son* de leurs formes plus ou moins compliquées.

Les vérifications ne manquent pas; elles sont tellement nombreuses et tellement connues qu'il serait parfaitement inutile de nous y attarder.

Faisons exception cependant, en ce qui concerne le timbre, pour la belle expérience de Sauveur. Une corde sonore est tendue sur un chevalet; elle rend un son musical, que nous sommes conduits à considérer comme parfaitement pur et, par suite, comme indécomposable. Appliquons légèrement en son milieu, pendant qu'elle vibre, une barbe de plume ou de pinceau. Aussitôt, le son change; il est devenu plus grêle, en même temps qu'il est passé à l'octave aiguë. Recommençons l'expérience; prêtons toute notre attention au premier son; nous n'aurons pas de peine à y démêler le son à l'octave aiguë, qui tout d'abord nous était passé complètement inaperçu. La barbe de plume ne l'avait donc pas fait naître; elle n'a pu que supprimer les mouvements vibratoires qui s'exécutaient avec formation d'un ventre au milieu de la corde; elle a, au contraire, laissé intacts ceux qui se produisaient avec formation d'un nœud, en ce même point. L'expérience réussira de même, si l'on applique la barbe de plume en l'un des points qui divisent la corde en un nombre quelconque de parties égales. Tout un cortège de sons (les *harmoniques*) se fait successivement entendre, qui se superposaient au son primitif, le plus grave de tous (le *son fondamental*). Le son de la corde, tout en conservant une hauteur définie par le son fondamental, se révèle à nous, en dernière analyse, comme une véritable orchestration, réalisée par la fusion de tous les harmoniques en un magnifique accord, d'une grande richesse musicale.

Cette expérience est, pour nous, intéressante à divers titres. Elle est une excellente occasion de montrer comment nos facultés sensorielles ont besoin, pour acquérir toute la finesse dont elles sont capables, d'une éducation appropriée. Elle réalise elle-même, pour le cas particulier de l'ouïe, un moyen de choix de concourir à cette éducation. Elle fait enfin comprendre à notre élève comment plusieurs mouvements

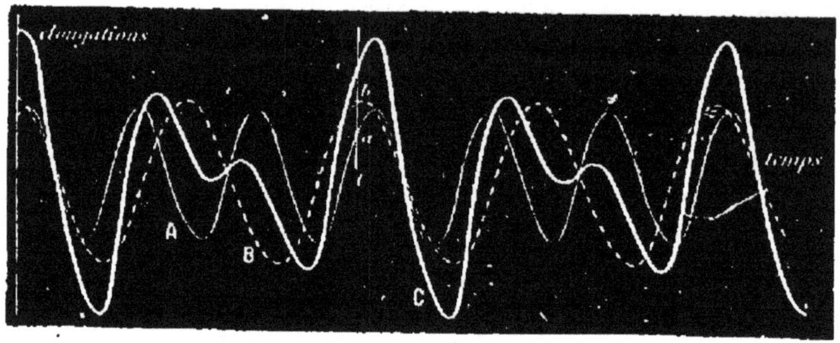

Fig. 46. — Explication du timbre des sons. — Les courbes, enregistrées sur une plaque de verre enfumé, peuvent être de *formes différentes*. Tel est le cas des courbes représentées sur les figures, 42 et 46. Elles sont données par des corps sonores de *timbres différents*.

vibratoires peuvent réellement coexister en un même système et de quelle variété peut être, pour nous, l'effet résultant de leur superposition.

On comprend, en particulier, comment des sons peuvent donner à l'oreille une même impression de hauteur et comprendre cependant des harmoniques très différents. Cet ensemble de sons est, pour un musicien habile, un trésor inépuisable d'où il saura tirer, suivant les besoins, les effets de *timbre* les plus variés et les plus riches (fig. 46).

Nous ne pouvons songer à poursuivre l'étude de l'acoustique. Nous avons seulement jugé qu'il était indispensable de permettre à un débutant de se faire une idée des mouvements vibratoires dont l'importance est devenue capitale dans la Physique moderne.

SIXIÈME PARTIE

OPTIQUE

60. — De la réflexion de la lumière dans les miroirs plans.

Passons maintenant à l'étude de la lumière. Nos observations auront, pour la plupart, un caractère purement géométrique. Aussi, notre matériel pourra-t-il se réduire presque uniquement à celui dont on se sert pour le dessin graphique : planchette à dessin, compas, règles et équerres. Comme le géomètre-arpenteur, nous opérerons sur le terrain; nos jalons y seront figurés par des épingles, que nous pourrons prendre de formes et de modèles variés.

Négligeons tout d'abord la propagation rectiligne de la lumière, beaucoup trop simple ou trop compliquée pour notre élève. Réduite à sa simplicité apparente, elle lui semblerait sans intérêt : étudiée en détail (phénomènes de *diffraction*), elle aurait vite fait de le rebuter.

L'étude de la réflexion ne présente pas les mêmes inconvénients. Commençons par le miroir plan.

Une lame de verre, transparente, à faces bien parallèles, nous suffira; ses dimensions n'ont pas besoin de dépasser sept ou huit centimètres en hauteur et largeur. Fixons-la verticalement sur la feuille à dessin (fig. 47). Un support approprié nous sera fourni soit par un bloc de bois portant latéralement une échancrure verticale, soit par des lames souples de plomb convenablement repliées. L'objet lumineux sera une épingle P, fichée verticalement sur la feuille.

Cherchons à observer par réflexion son image dans la lame de verre; on laissera l'élève procéder lui-même aux tâtonnements inévitables pour un débutant. L'éclairage peut être ou trop vif ou insuffisant; peut-être conviendra-t-il de se rapprocher ou de s'éloigner de la fenêtre qui éclaire la salle; l'épingle pourra être successivement placée d'un côté ou de

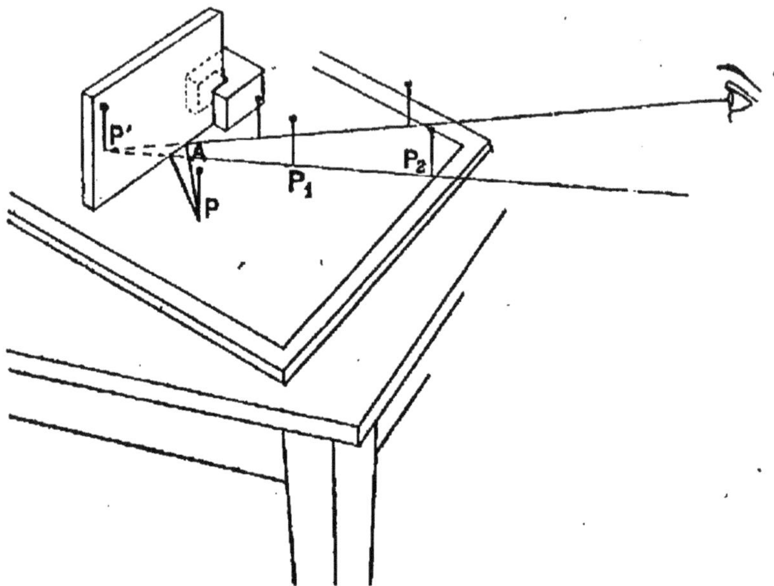

Fig. 47. — Marche des rayons réfléchis par un miroir plan. — La marche des rayons réfléchis peut être jalonnée avec des épingles.

l'autre de la lame; l'observateur examinera la lame successivement par une face ou par l'autre.

Ces essais préliminaires, avec la comparaison raisonnée des effets obtenus, ne vaudront-il pas mieux pour notre élève qu'un exposé systématique des principes de la photométrie?

L'observateur est enfin arrivé à observer une image très distincte P'. Une série d'épingles P_1, P_2, ... pourra maintenant être fichée sur la feuille à dessin, de manière à représenter une direction jalonnée sur cette image. Cette droite, tracée sur la feuille de papier, sera un rayon réfléchi (fig. 47).

Joignons à l'épingle-objet le point A où notre rayon

réfléchi coupe la surface du miroir; ce sera le *rayon incident* correspondant. Nous pourrons le tracer sur le papier.

Pour l'œil, qui vise dans la direction du rayon réfléchi, l'épingle la plus rapprochée cachera toutes celles qui auront été plantées sur le rayon réfléchi et les images de toutes celles qui auront été plantées sur le rayon incident.

Nous avons matérialisé par notre graphique la marche suivie par la lumière. Nous avons mis en évidence et précisé la nature de la modification qu'apporte le phénomène de la réflexion à la marche d'un rayon lumineux.

Mais ce n'est pas tout. Quatre fois, cinq fois, recommençons cette opération. Traçons d'abord, prolongeons ensuite chacune de nos quatre ou cinq lignes de jalons représentant des rayons réfléchis; toutes vont concourir en un même point P'.

Il conviendra de faire tirer à notre élève les conséquences résultant de cette expérience, à la fois très simple et très importante.

1° Elle nous donne l'explication matérielle, tangible (on pourrait dire : brutale) du phénomène si surprenant, si mystérieux pour l'enfant : la formation de son image derrière un miroir, où il sait bien cependant qu'il n'y a rien.

2° Elle nous réalise la définition matérielle à laquelle toute image, vraiment digne de ce nom, doit satisfaire : d'être un point commun à tout un système de rayons émanés primitivement d'un même point, et modifiés par un système optique quelconque. Voilà, à coup sûr, une définition importante pour qui entreprend l'étude de l'optique. Il ne semble pas qu'elle puisse se présenter plus naturellement que dans l'expérience précédente. Il ne semble pas non plus qu'un élève, qui l'a une fois comprise, puisse désormais l'oublier.

3° Notre expérience nous permet de *situer* l'image obtenue. Elle nous fait concevoir comment une image peut à la fois, être virtuelle et cependant occuper une position déterminée dans l'espace. C'est là une petite difficulté qui demande à être surmontée dès le début d'une étude de l'optique. Il ne sera donc pas superflu de faire dessiner soigneusement, à l'encre, la *marche des rayons*, par laquelle s'explique la formation de l'image. Il sera bon de tracer en traits pleins les rayons incidents et les rayons réfléchis; en traits pointillés, le prolongement des rayons réfléchis.

4° Le miroir étant enlevé, rien ne sera plus facile que de constater que l'objet et l'image sont *symétriques* l'un de l'autre par rapport à la surface réfléchissante. Équerres et compas à pointes sèches permettront une excellente vérification.

5° Attirez maintenant l'attention de votre élève sur un rayon incident isolé et sur le rayon réfléchi correspondant. Il ne sera pas difficile de lui faire constater *l'égalité des angles d'incidence et de réflexion* ($i = r$).

6° Recommencez l'expérience, l'épingle restant en place, la lame de verre tournant autour de l'un des points de sa trace sur la feuille de papier. Notez sur le dessin les deux positions successives de la lame et les deux positions correspondantes de l'image. Dessinez un rayon incident et les deux rayons réfléchis correspondants; puis, faites comparer à votre élève l'angle dont a tourné le miroir et celui dont a tourné le rayon réfléchi : Peut-être, demandera-t-il tout d'abord à se servir d'un rapporteur. Qu'importe que la vérité soit plus longue à lui apparaître, pourvu qu'elle se fasse jour dans son esprit? Est-il nécessaire de nous voiler la face, si les vérités géométriques, pour s'imposer à notre esprit prennent quelquefois le chemin plus long de l'expérience vulgaire? De la même expérience, il sera facile encore de conclure au *principe du retour inverse de la lumière*.

Nous ne manquerons pas non plus d'en tirer un enseignement de géométrie expérimentale et de faire comprendre directement à notre élève les relations qui existent entre une figure et sa symétrique.

61. — Miroirs sphériques.

Le procédé qui nous a réussi pour le miroir plan convient également bien, dans le cas des miroirs sphériques. On trouve dans le commerce de petits miroirs de toilette concaves, de 10 centimètres environ d'ouverture. De qualité médiocre, ils se prêteraient cependant assez bien à une première étude. Ou bien encore, si l'on préfère, on découpera une zone de faible étendue dans une grosse boule de jardin argentée. On pourrait enfin se procurer facilement, au prix de 50 centimes environ, un de ces verres en cristal taillé, que les horlogers utilisent pour recouvrir les grosses montres.

Ce dernier dispositif donnera, il est vrai, une image moins éclairée; mais, ce léger inconvénient sera largement racheté par un avantage considérable : le miroir transparent nous permettra de localiser directement sur le papier l'image virtuelle obtenue ; c'est ce que nous avions déjà fait dans le cas du miroir plan. Ajoutons cet autre avantage : que le même appareil pourra servir successivement comme miroir concave et comme miroir convexe.

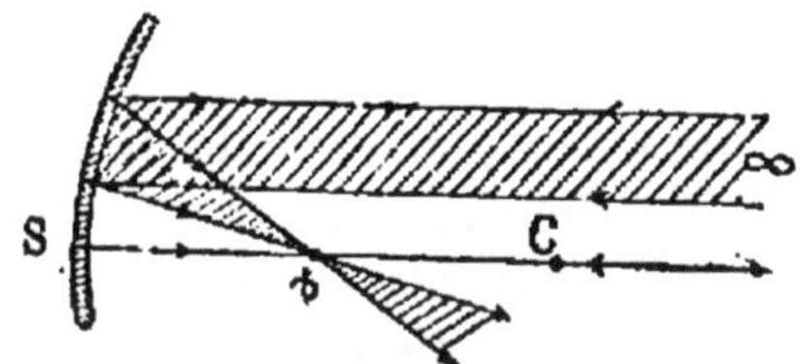

Fig. 48. — Foyer principal dans les miroirs concaves. — Tous les rayons parallèles à l'axe du miroir se réfléchissent en un même point Φ, qui est le foyer principal du miroir.

Quel que soit le dispositif auquel nous nous arrêtions, notre miroir concave sera placé contre l'un des petits côtés de notre planchette à dessin. Une bande de caoutchouc pourra l'y maintenir, de telle façon que sa base soit perpendiculaire au plan de la planchette et son sommet situé dans ce plan.

Traçons au crayon une parallèle aux grands côtés de la feuille, et prolongeons-la jusqu'à sa rencontre avec la surface du miroir; une ligne nous apparaît par réflexion, dans le miroir; à l'aide de nos épingles, nous jalonnons son prolongement sur le papier. Nous avons ainsi la représentation matérielle d'un rayon incident et du rayon réfléchi correspondant.

Recommençons plusieurs fois la même opération; chaque ligne parallèle aux grands côtés de la feuille nous donne un rayon réfléchi correspondant. Tous ces rayons vont, à très peu de chose près, se couper en un même point Φ (fig. 48) qui est le *foyer principal* du miroir.

Ne gardons, parmi nos lignes parallèles, que celles qui ont été tracées au voisinage de l'axe du miroir; notre point de concours sera très nettement défini.

Nous constatons, en passant, et sans difficulté, à quelle condition expresse un miroir sphérique peut donner de bonnes images : *il doit être de petite ouverture.* Sinon, il présente des *aberrations* notables. Nous définissons, en même temps, avec précision, le foyer principal du miroir.

62. — Retour inverse des rayons.

En ce point, plantons une épingle. Et regardons maintenant vers le miroir, dans la direction prolongée de l'une des lignes parallèles que nous avons précédemment tracées sur le papier. Notre élève ne sera pas peu surpris d'apercevoir dans cette direction une image de l'épingle, qui lui semblera très agrandie.

Qu'il passe maintenant de l'une des lignes aux autres, le même résultat se reproduira : c'est là une illustration frappante du principe du *retour inverse des rayons lumineux.*

63. — En route vers l'infini.

Où se trouve cette image? L'élève, certainement, aura quelque difficulté à la concevoir rejetée à l'infini. Laissons-le tout d'abord, si c'est possible dans l'ignorance de cet énoncé; et proposons-nous de l'y conduire insensiblement, sans quitter le terrain même de nos opérations.

Si, le long du petit côté de la planchette opposé au miroir, il déplace l'œil de 3, 4, 5 centimètres, l'image aperçue toujours dans la même direction, semble, elle aussi, le long de l'autre côté de la planchette, s'être déplacée de 3, 4, 5 centimètres. En serait-il de même pour un objet quelconque placé à distance finie? Enlevez le miroir. A une faible distance au delà de la planchette, placez un objet, un crayon par exemple. Supposons que sa distance au bord le plus éloigné de la planchette soit le double de sa distance au bord le plus voisin. L'observateur, tout en visant le crayon, déplace l'œil le long du petit côté de la planchette le plus éloigné du crayon. S'il se déplace d'une extrémité à l'autre, la perspective du crayon sur le côté opposé n'aura semblé parcourir que la moitié de sa longueur. Augmentons la distance du crayon à la planchette, et recommençons.

Toujours, le crayon semblera parcourir sur le côté opposé de la planchette une distance plus petite que celle dont l'œil s'est déplacé. La différence entre ces deux distances va d'ailleurs en diminuant de plus en plus, au fur et à mesure que le crayon s'éloigne; elle ne devient nulle que dans l'expérience précédente du miroir concave et de l'image d'une épingle fichée en son foyer. Une grosse difficulté se trouve résolue pour notre élève. Surpris tout d'abord par la grandeur inattendue d'une image, dont on lui disait qu'elle était rejetée à l'infini (mieux aurait valu ne pas soulever cette question), il avait de la peine à concevoir et à admettre cette proposition. Les faits qu'il vient d'observer lui en ont montré le sens précis.

Si simples que soient ces expériences, il n'est pas inutile d'y insister. Nous n'hésiterions pas à faire et à refaire, au tableau noir, les figures prétendues explicatives du fait qui nous occupe. Nous ne nous arrêterions, satisfaits d'ailleurs, que quand l'élève, de guerre lasse, et comme pour demander grâce, aurait déclaré avoir compris. Pourquoi notre satisfaction serait-elle moindre, si nous supprimons tout ce qu'introduit nécessairement d'abstrait et de factice, une explication au tableau noir? Nous traçons une ligne avec de la craie; il nous plaît de la supposer droite et sans épaisseur; nous voulons en outre qu'elle représente un rayon lumineux avec toutes ses propriétés, tant physiques que physiologiques. Notre élève n'est guère préparé à ces abstractions et à ces suppositions. Pourquoi ne pas opérer tout simplement sur un rayon lumineux, à qui nous ne demandons rien autre chose que d'être un rayon lumineux? Pourquoi, sur le tableau, supposer un objet s'éloignant de plus en plus? Pourquoi demander à notre élève de passer à la limite? Sommes-nous bien assurés que toutes ces opérations se feront correctement dans son esprit? Et si quelque part un lien logique fait défaut, comment le découvrir?

Ici, au contraire, nous n'avons pas à redouter de représentations inexactes ou incomplètes. L'élève sait ce qu'il a à voir et à observer; son esprit se porte, directement et sans intermédiaires, sur l'objet même de son étude. Il ne peut manquer de faire les constatations qui se présentent à lui. Après les avoir faites, il cherche naturellement à les relier entre elles. Les énoncés habituels, plus ou moins corrects d'ailleurs, lui en donneront facilement le moyen. Au lieu d'être une difficulté de plus pour lui, ils lui seront au contraire d'un secours continuel. Maintenant qu'il a compris, il trouvera certainement légitime et commode de dire qu'un objet, placé au foyer d'un miroir concave, donne une image rejetée à l'infini.

64. — Comment s'établissent les lois des miroirs sphériques.

Proposons-nous maintenant de rechercher le centre du même miroir sphérique. Il nous suffit, pour cela, de rechercher la position d'un point qui, dans le miroir, soit à lui-même sa propre image. Plusieurs procédés sont également applicables.

Si l'on dispose d'un point lumineux très brillant, si par exemple, nous possédons une de ces petites lampes électriques de poche que l'on se procure à peu de frais, on trouvera facilement à quelle distance il convient de la placer du miroir, pour que son image réelle, recueillie sur une feuille de papier ou de carton, se forme nettement à une distance égale du miroir. Laissant ensuite la lampe à une distance invariable du miroir, on la déplacera comme si on voulait lui faire franchir la moitié de la distance qui la sépare de son image.

Si l'on ne dispose pas de source lumineuse assez petite ou assez brillante, on pourra recourir à notre premier procédé.

Une épingle est plantée sur la feuille à dessin, à une distance supérieure à la distance focale du miroir. Comme plus haut, on jalonne les différents rayons réfléchis, primitivement émanés de l'épingle. Ils admettent un point de concours qui est l'image cherchée. En général, objet et image ne seront pas confondus; on déplacera l'épingle vers son

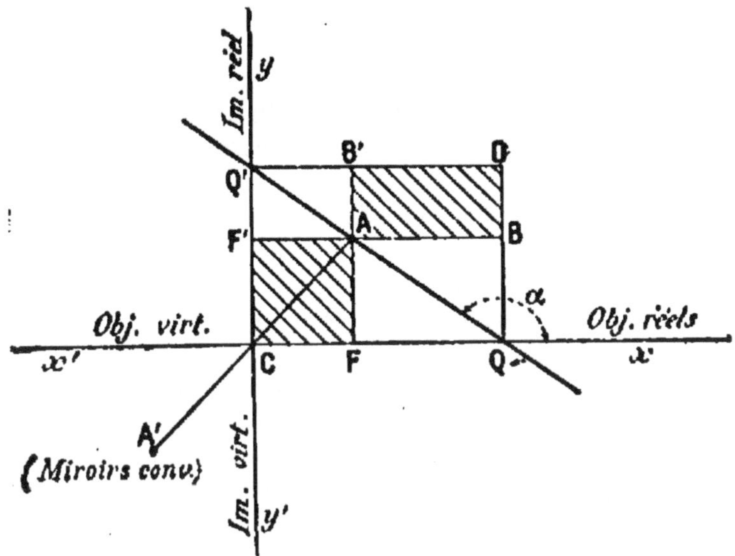

Fig. 49. — Représentation graphique des résultats obtenus dans l'étude des miroirs. — La distance CQ de l'objet au miroir est portée sur l'axe des abscisses; la distance CQ' de l'image au miroir est portée sur l'axe des ordonnées; la droite QQ' qui joint les deux points ainsi obtenus passe par un point fixe A.

image, et l'on recommencera les opérations jusqu'à ce qu'on parvienne enfin à obtenir la coïncidence désirée.

Une vérification intéressante se présente d'elle-même : la distance focale est-elle égale à la moitié du rayon de courbure du miroir?

Dans chacune des expériences précédentes, on aura pu d'ailleurs mesurer les distances respectives au miroir de l'épingle et de son image, puis chercher par voie empirique quelle relation existe entre ces deux quantités. La méthode graphique est ici tout indiquée.

On pourra, par exemple, porter en CQ, sur l'axe des

abscisses, la distance de l'objet au miroir (fig. 49); en CQ', sur l'axe des ordonnées, la distance correspondante de l'image au miroir. Ces deux distances seront comptées positivement pour objets et images réels; négativement, dans le cas contraire. Qu'on joigne les deux points Q, Q' par une droite; et que l'on recommence pour chaque nouvelle expérience.

Si ces opérations ont été menées avec soin et persévérance, la récompense ne se fera pas attendre. Sans doute, notre élève est sensible à la satisfaction du devoir accompli; mais, combien plus encore à l'amour-propre de la réussite et de la découverte!

Les droites se coupent en un même point A, dont l'abscisse et l'ordonnée ont pour valeur commune la distance focale du miroir. Nous sommes en mesure de résoudre graphiquement sur le papier tout problème relatif aux miroirs, et de suppléer par un petit nombre d'expériences bien faites et bien coordonnées à toutes celles que nous n'avons ni pu ni voulu faire. On pourra d'ailleurs, pour peu qu'on le désire, donner une traduction algébrique de la construction géométrique précédente, imaginée par Lissajous et à laquelle l'expérience nous a directement conduits.

Les expériences sur les images virtuelles se font tout aussi facilement : nos jalons nous conduiraient, dans ce cas, à un point de concours situé en arrière, au lieu d'être en avant du miroir; à part cela, rien de changé. Mieux encore, si nous employons comme miroir un verre transparent, nous pouvons localiser immédiatement l'image virtuelle, en cherchant où placer un objet qui, vu par transparence à travers la lame de verre, apparaisse au même endroit que l'image vue par réflexion. — La même construction graphique, la même formule algébrique, généralisées, conviennent également aux images réelles et aux images virtuelles.

Nous n'avons pas l'intention de décrire successivement et en détail toutes les expériences que permettrait de réaliser un dispositif donné. Nous ne dirons rien du rapport de l'image à l'objet; nous n'examinerons pas en particulier le cas du miroir convexe ou de l'objet virtuel. Nous avons voulu simplement mettre en évidence les importants services que peut rendre une méthode simple et facile, que chacun pourra modifier ou développer à son gré.

65. — En quoi consiste la réfraction.

Abordons les phénomènes de réfraction. Un bâton, plongé dans l'eau, paraît brisé en son point d'immersion (fig. 50). Quelle en est la raison? Celle-ci n'apparaît pas immédiatement. Nous savons que chaque rayon lumineux suit une

Fig. 50. — Expérience du baton brisé. — Le bâton paraît brisé, au point même où il pénètre à l'intérieur de l'eau.

direction rectiligne, tant qu'il reste dans l'eau ou dans l'air. Faut-il donc supposer qu'il y a un changement brusque de direction des rayons, à leur passage de l'eau dans l'air? Cette supposition paraît vraisemblable, mais ne s'impose pas à nous de toute évidence. En outre, elle est insuffisante pour nous faire comprendre le phénomène dans ses détails.

Cherchons donc à varier l'expérience. Une pièce de monnaie M est placée au fond d'une terrine vide (fig. 51). Nous plaçons l'œil en O de telle façon que la pièce nous soit cachée par le bord opaque A du récipient. L'œil restant en place, si nous versons petit à petit de l'eau dans la terrine, nous commençons par apercevoir la pièce de monnaie;

puis, nous la voyons, qui semble s'élever progressivement au milieu de l'eau, en M'. Imaginons la droite qui va de l'œil au point où la pièce nous apparaît. Cette droite rencontre la surface libre de l'eau en un point I. Imaginons une seconde droite IM, qui aille de ce point à la pièce de monnaie. Parcourues en sens contraire de celui que nous venons d'adopter, ces deux droites MI, IO nous donnent la marche nécessairement suivie par la lumière, dans l'eau d'abord, dans l'air ensuite, pour aller de l'objet lumineux à l'œil.

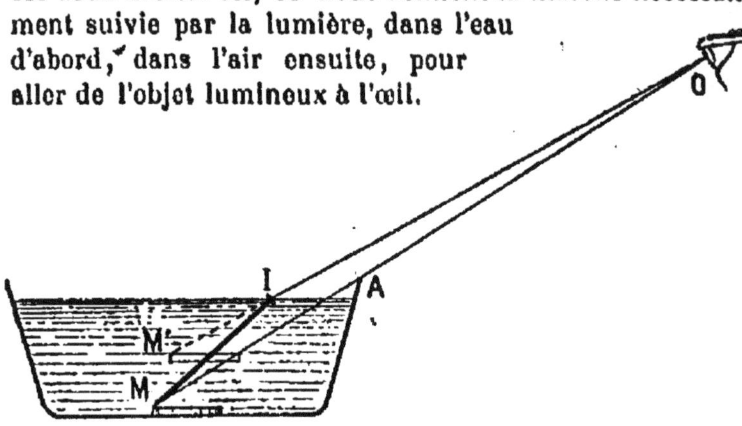

Fig. 51. — Effet de la réfraction. — La pièce de monnaie, plongée dans l'eau, paraît soulevée au-dessus de sa position réelle.

Ce chemin est brisé à la surface de séparation des deux milieux. Il passe de l'eau dans l'air, en s'écartant de la normale à la surface de séparation. Il passerait de l'air dans l'eau, en se rapprochant de la même normale.

66. — Recherche des lois de la réfraction.

La nécessité s'impose donc d'étudier ce changement de direction. Pour cela, rien de plus simple que de recourir au dispositif imaginé par M. Chassagny.

Choisissez un ballon de verre bien sphérique (fig. 52), de 20 centimètres environ de diamètre. Sur son équateur, collez bout à bout deux bandes de papier d'égale longueur, divisées chacune en 180 parties égales. Fixez à l'intérieur du ballon un index qui en occupe exactement le centre, de façon qu'il se trouve à la fois, par exemple sur les lignes 0-0 et 90-90 de la graduation. Bien entendu, la division en degrés peut être remplacée par la division en grades (Lai-

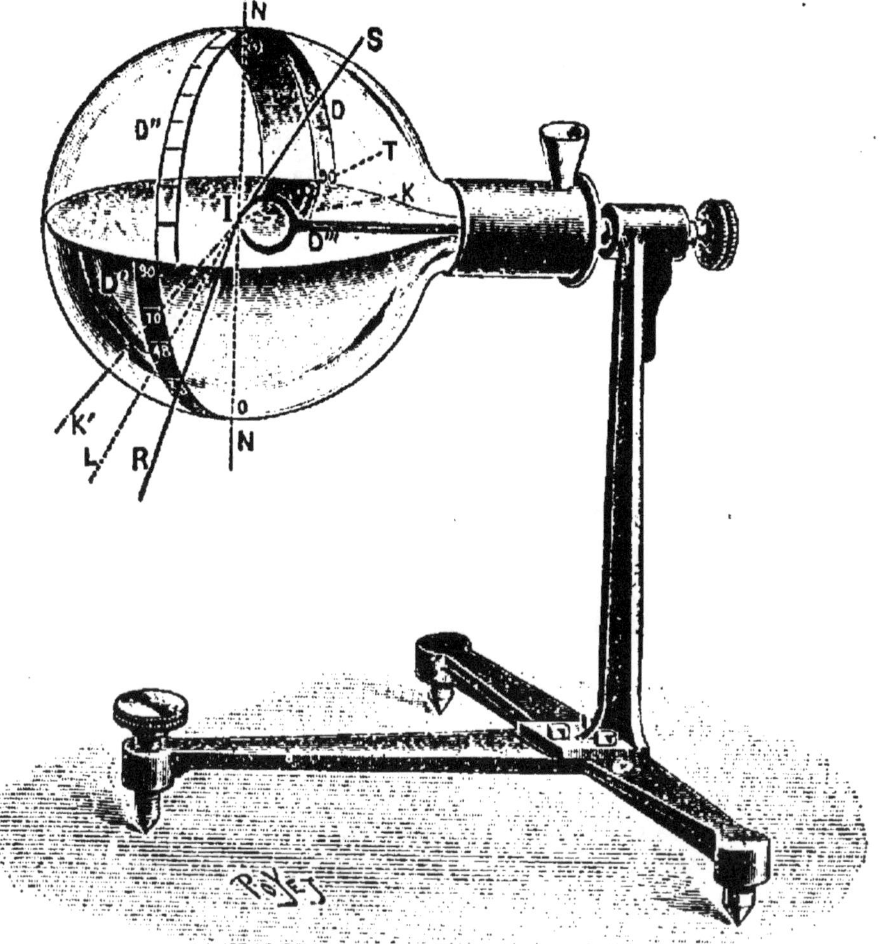

Fig. 52. — Appareil pour la recherche des lois de la réfraction. — Les divisions des bandes D et D' qui paraissent coïncider avec le point I, font connaître les angles d'incidence et de réfraction correspondants.

sant, *Initiation mathématique*, page 122). Le ballon est ensuite à moitié rempli d'eau, dont la surface libre vient affleurer la ligne 0-0, qui se trouve alors exactement horizontale.

Faites faire par votre élève un certain nombre d'observations. L'opération consiste à viser l'index dans différentes directions, en plaçant l'œil auprès de l'une des bandes divisées et à noter, sur les deux bandes, les deux divisions qui paraissent alors se projeter sur l'index : l'une dans l'eau, l'autre dans l'air. Les lectures peuvent se faire facilement à un demi degré près. Les nombres les donnent directement les angles d'incidence i et les angles de réfraction correspondants r. On obtient les groupes suivants :

i	r
10°	7°,5
20°	15°
40°	29°
60°	40°,5
80°	47°,5

Il s'agit de trouver une loi qui rattache les nombres de la seconde colonne à ceux de la première. Le raport $\frac{i}{r}$ prend successivement les valeurs : 1,33; 1,33; 1,38; 1,48; 1,68. Rien de simple ne découle de cette comparaison.

Cherchons à traduire graphiquement les résultats obtenus. Dessinons sur le papier un cercle, qui représentera le plan d'équateur de notre ballon.

Menons le diamètre horizontal de ce cercle, qui figurera la surface libre de l'eau dans l'expérience précédente.

Représentons par un tracé graphique (fig. 53) les résultats de chacune des expériences précédentes.

Soit, par exemple, NOS un angle de 60 degrés. Menons, à l'aide d'un rapporteur, la droite OR faisant avec ON' l'angle r observé précédemment, égal par conséquent à 40°,5.

Abaissons des points S et R les perpendiculaires SP et RQ sur le diamètre NN', puis, avec les deux pointes d'un compas, mesurons le plus exactement possible les longueurs de ces deux perpendiculaires. Enfin, calculons le rapport de la première à la seconde; c'est-à-dire $\frac{SP}{RQ}$. Nous trouverons une valeur très voisine de 1,33.

Recommençons la même opération pour chacune des lectures que nous avons faites.

Si nous opérons avec soin, nous trouverons à chaque fois le même nombre 1,33; ou du moins, les petites différences que nous rencontrerons seront assez faibles pour que nous ne puissions pas répondre qu'elles ne tiennent à quelque petite erreur, que nous aurons commise, soit dans nos lectures, soit dans notre construction graphique.

Ainsi, la constance qui n'existait pas dans le rapport des angles d'incidence et de réfraction, nous la trouvons dans le rapport des deux droites SP et RQ, qui sont liées à chacun de ces angles.

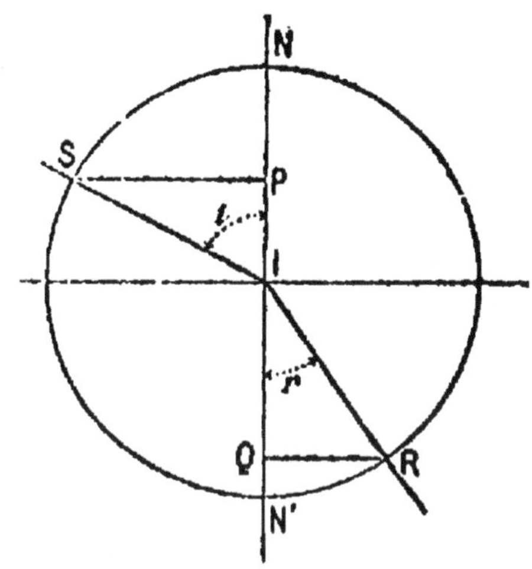

Fig. 53. — LOI DE LA RÉFRACTION. — Quand le rayon incident varie, le rapport des longueurs SP et RQ reste constant.

Puisque nous n'avons à prendre que des rapports, peu importe l'échelle à laquelle ces grandeurs sont construites, et l'unité de longueur avec laquelle elles sont mesurées.

Pour simplifier le langage, nous conviendrons de dire que la droite SP mesure le *sinus* de l'angle d'incidence. Nous dirons de même que la droite RQ mesure le *sinus* de l'angle de réfraction.

Nous sommes d'ailleurs tout naturellement portés à admettre que le passage de la lumière, de l'air dans l'eau, n'a rien d'exceptionnel; et que le passage de la lumière, de l'air dans le verre, par exemple, obéirait à une même loi générale.

Il nous reste alors, comme conclusion de nos expériences et de nos mesures, l'énoncé suivant, dû à Descartes :

Quand la lumière passe d'un milieu transparent dans un

autre, il existe un rapport constant entre le sinus de l'angle d'incidence et le sinus de l'angle de réfraction.

Le rapport constant 1,33, que nous avons trouvé dans nos expériences faites avec l'eau, est ce qu'on appelle l'*indice de réfraction* de l'eau par rapport à l'air. Chaque substance transparente a un indice de réfraction qui lui est propre. L'indice de réfraction du verre par rapport à l'air varie d'une espèce de verre à un autre; il peut différer quelque peu de 1,5 en plus ou en moins, suivant la nature du verre.

Le dispositif que nous venons d'employer permettra immédiatement d'établir le principe du retour inverse de la lumière. Que l'œil se place du côté de l'hémisphère plein d'eau ou du côté de l'hémisphère plein d'air, on obtient, pour les angles i et r, les mêmes couples de lecture.

67. — Angle limite.

La loi des sinus une fois admise, faisons effectuer par notre élève la construction graphique du rayon réfracté pour des angles d'incidence de plus en plus grands; la construction est toujours possible pour le passage de l'air dans l'eau; elle ne l'est pas toujours pour le passage inverse de l'eau dans l'air. La notion d'*angle limite* se présente donc d'elle-même; et la construction géométrique nous permet de déterminer *a priori* la valeur de cet angle.

L'appareil déjà utilisé (§ 66) se prête immédiatement :

1° à constater l'existence de la réflexion totale (§ 69);

2° à comparer l'une à l'autre la valeur calculée et la valeur observée de l'angle limite qui, dans le cas de l'eau, est légèrement supérieur à 48°.

Le but que nous nous sommes proposé ne saurait être de pousser très loin l'étude des conséquences que l'on peut tirer d'une loi physique. Nous pensons, au contraire, qu'il peut y avoir, pour le débutant, le plus grand intérêt à retrouver la même loi à l'aide de dispositifs variés, ne dût-on y trouver que cet avantage de faire pénétrer lentement, insensiblement, mais profondément dans son esprit la notion fondamentale de *loi physique*. C'est le but du chapitre suivant.

68. — Retour à la loi des sinus.

Nous pourrons nous procurer facilement une lame de verre transparente, épaisse, à faces parallèles.

Disposons-la sur une planchette à dessin; elle nous permettra de réaliser des expériences variées; et cela, suivant

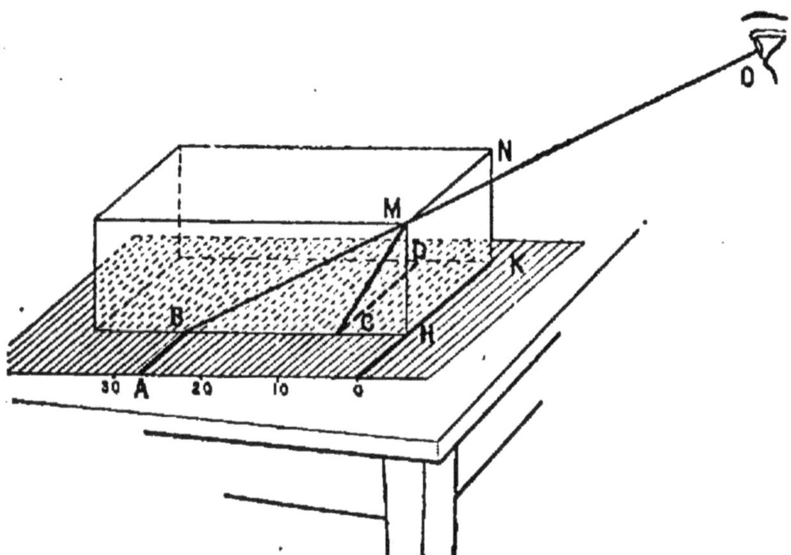

Fig. 54. — Réfraction dans le verre. — Dispositif permettant de trouver à nouveau la loi des sinus.

que nous la mettrons à plat sur la feuille de papier ou que nous la placerons de champ.

Mise à plat, (fig. 54) elle nous servira à observer une feuille de papier, quadrillé au millimètre, disposée au-dessous. Les lignes du quadrillage sont numérotées; elles débordent au dehors de la lame de verre. Plaçons l'œil O dans une direction oblique et arrangeons-nous de façon qu'une des arêtes supérieures horizontales de la lame, MN par exemple, paraisse recouvrir à l'œil une des lignes du quadrillage, CD, vue dans le verre. La même arête paraîtra se trouver dans le prolongement d'une autre ligne AB vue dans l'air, en dehors de la lame de verre. On notera les distances de ces deux lignes, AB et CD, à l'arête prise pour origine HK. La marche du rayon, du verre dans l'air, en résulte. Nous pouvons la représenter graphiquement, comme nous avions fait dans le cas du ballon à moitié plein d'eau. Multiplions les observations; nous retrouverons la loi des sinus et nous déterminerons en même temps une valeur approchée de l'indice de réfraction du verre.

La même expérience, poussée jusqu'aux plus grandes

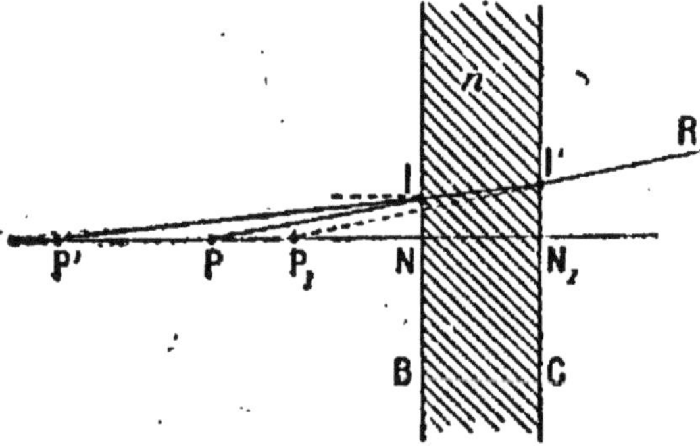

Fig. 55. — Réfraction a travers une lame de verre a faces parallèles. Le rayon émergent RI' est parallèle au rayon incident PI.

valeurs de l'angle d'émergence dans l'air, conduirait facilement à conclure à l'existence d'une position limite pour un trait aperçu dans le verre en superposition avec l'arête MN. On retrouve l'angle limite, dont on peut ainsi déterminer très facilement une valeur approchée dans le verre.

Disposons maintenant notre même lame de verre, de façon qu'elle se présente de champ (fig. 55), c'est-à-dire que sa plus grande face soit perpendiculaire à la feuille de dessin.

Plantons verticalement une épingle, en P, à petite distance de la face postérieure B de la lame. A l'aide de trois ou quatre épingles auxiliaires, jalonnons la direction d'un rayon incident PI, venu de l'épingle, et la direction I'R du rayon émergent correspondant, tel qu'il arrive à l'œil. Traçons ces deux rayons sur la feuille de papier; puis, recommençons plusieurs fois la même opération, en changeant la direction de visée.

A l'aide d'un crayon, notons les traces BN et CN_1 de la lame de verre sur la feuille; puis, enlevons la lame. Nous avons, sur le papier, un procès-verbal, complet, exact et authentique, de nos observations, qui se prête aux constatations suivantes :

1° Suivons la marche de chaque rayon individuel à travers la lame. Nous constatons que le rayon émergent I'R est parallèle au rayon incident PI dont il provient.

2° Nous cherchons, sur les prolongements de deux rayons émergents voisins, à localiser la position correspondante P_1 de l'image de l'épingle. Nous nous assurons ainsi qu'elle est plus rapprochée de la lame transparente que ne l'est l'objet lumineux P lui-même.

3° Nous pouvons enfin nous assurer qu'il n'y a pas d'image, à rigoureusement parler, et que l'épingle vue à travers la lame nous paraît d'autant plus rapprochée qu'on la regarde dans une direction plus voisine des faces de la lame.

L'expérience peut être variée de bien des façons. La lame étant de champ, on observe à travers elle une ligne PI tracée au crayon sur la feuille de papier, dans une direction oblique à la lame. Comme précédemment, un alignement I'R est pris avec des épingles sur la ligne PI, aperçue à travers la lame de verre. On enlève la lame; il reste à constater avec l'équerre que la ligne PI tracée au crayon et l'alignement I'R, relevé avec des épingles, sont parallèles entre eux.

Il est facile de s'assurer par surcroît, que l'une quelconque de ces deux lignes, regardée à travers la lame, paraît dans le prolongement de l'autre; c'est, à nouveau, la confirmation du principe du retour inverse de la lumière.

69. — Réflexion totale.

Le phénomène de la réflexion totale mérite quelque attention. Nous avons vu plus haut comment le dispositif de M. Chassagny permettrait de le mettre en évidence et de déterminer, pour le cas de l'eau, la grandeur de l'angle limite. De même, les lames de verre nous ont permis de déterminer de ce dernier une valeur approchée dans le verre. Il ne sera peut-être pas inutile de reprendre l'expérience bien connue d'un large bouchon de liège (fig. 56) flottant sur l'eau d'une terrine et dérobant aux regards surpris une petite tige brillante, normalement implantée au milieu de sa face inférieure.

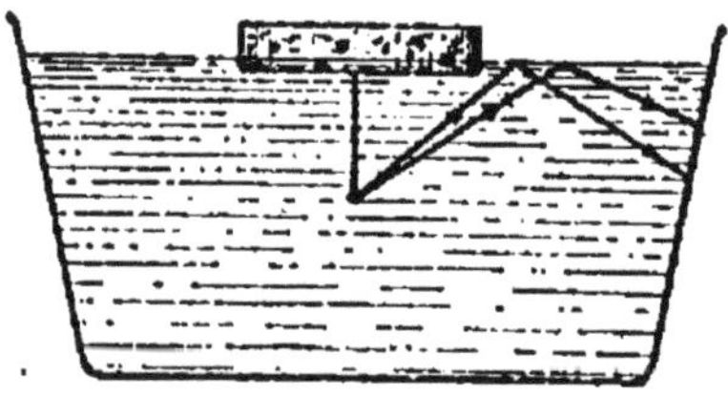

Fig. 56. — Expérience de réflexion totale. — Quelle que soit la position donnée à l'œil, on ne peut apercevoir l'extrémité de l'épingle plongée dans l'eau.

Fig. 57. — Effet de réflexion totale. — En regardant, par dessous, la surface de l'eau, on voit l'image de la cuiller comme dans un véritable miroir plan.

On ne doit négliger aucune de ces expériences simples, quand elles sont d'une interprétation immédiate, s'imposant nécessairement à l'esprit de l'observateur. Prenons donc un verre à boire (fig. 57), plein d'eau, dans lequel plonge une cuiller ou une fourchette en argent. Regardé par en dessous, l'objet brillant, sera vu directement dans sa position réelle et, en outre, par réflexion de la lumière à la surface libre du liquide. On aura soin de remarquer que cette image ne le cède guère en éclat à l'objet lumineux lui-même.

Après ces études préliminaires, on pourra revenir à l'expérience de la terrine ou du bâton brisé et demander à l'élève de nous en donner l'explication. Pas de doute que notre demande ne soit accueillie avec un léger sourire de dédain, qui nous permettra d'apprécier l'importance du chemin déjà parcouru.

70. — Le Prisme.

Les propriétés du prisme pourront donner lieu à des opérations analogues. Prisme placé normalement à la planchette, objet lumineux figuré par une épingle parallèle à l'arête du prisme, rayon incident matérialisé en quelque sorte par un trait au crayon partant de l'épingle et aboutissant au pied de l'arête du prisme; rayon émergent que des épingles nous permettront de jalonner : les dispositifs resteront foncièrement les mêmes; et point n'est besoin que nous insistions davantage. Équerre et rapporteur suffiront pour déterminer directement la déviation du rayon lumineux à travers le prisme. On recommencera en faisant tourner le prisme autour de son arête sur une sorte de rose des vents préalablement dessinée sur la feuille de papier. A chaque expérience correspondront deux valeurs directement connues de l'angle d'incidence i et de la déviation Δ. Restera à dresser un tableau à deux colonnes, à construire la courbe représentative des Δ en fonction des i; puis à constater l'existence d'un minimum de déviation.

Que l'on pose alors à notre élève les deux questions suivantes :

1° Déterminer le plus exactement possible l'angle i pour lequel est atteint le minimum de déviation.

2° Déterminer le plus exactement possible la valeur de ce minimum de déviation.

L'élève ne manquera pas de reconnaître de lui-même laquelle de ces deux questions comporte seule une réponse de quelque précision.

Sans qu'il soit besoin d'insister ni même de fournir d'explications spéciales, toujours trop abstraites si elles visent à quelque généralité, l'élève comprendra sûrement pourquoi, dans les mesures de précision, on attache un intérêt tout particulier à la détermination des maxima ou des minima.

71. — Les Lentilles.

L'étude des lentilles ne présente aucune difficulté. On se procure à peu de frais des lentilles convergentes ou divergentes, de distances focales comprises entre 10 et 50 centimètres. Il est facile de les munir de supports convenables. Sur une lame de verre dépoli, on a tracé quelques traits noirs équidistants. Vivement éclairée, elle jouera le rôle d'objet lumineux. Une autre lame de verre dépoli servira à recueillir l'image réelle. Plaques de verre et lentilles peuvent se déplacer sur une règle de bois bien dressée; les distances se déterminent facilement, au millimètre près. Les expériences à faire seront les suivantes :

1° Étude de l'image réelle fournie par une lentille convergente.

2° Étude de la combinaison obtenue en accolant deux lentilles minces.

Pour la première série d'opérations, on pourra procéder comme pour les miroirs (§ 64). On dressera un tableau à deux colonnes, renfermant les distances respectives de l'objet et de l'image à la lentille; puis on recherchera une relation empirique entre ces deux quantités. La représentation de Lissajous est encore ici doublement indiquée : 1° parce que la construction géométrique est des plus simples; 2° parce qu'elle nous met, pour ainsi dire devant les yeux, l'énoncé de la solution générale cherchée et qu'elle donne à simple lecture la solution directe de chaque nouvelle question particulière.

Comme au paragraphe 64, nous sommes donc conduits à tracer un faisceau de droites concourantes.

Le point commun à toutes les droites de ce faisceau nous donne par la valeur commune de son abscisse et de son ordonnée, la grandeur de la distance focale de la lentille.

On déterminera facilement de cette façon les distances focales de quelques lentilles convergentes. On fera ensuite des combinaisons deux à deux de ces lentilles, en les plaçant au contact, l'une derrière l'autre. Le procédé même que l'on vient d'employer s'applique au système de ces deux lentilles. On aura vite fait de se convaincre que cet ensemble se comporte comme une lentille unique, dont il est tout naturel de rechercher la distance focale.

On s'assurera ainsi que, dans un pareil système, les inverses des distances focales jouissent de la propriété additive; et l'on sera par l'expérience même, conduit à la notion de *convergence des lentilles. La convergence d'un système de lentilles est égale à la somme des convergences des lentilles constituantes.*

Une généralisation toute naturelle conduira, par une simple convention de signes, à étendre cette relation au cas des lentilles divergentes. On associera donc deux lentilles, dont l'une convergente et l'autre divergente; on s'arrangera de façon que le système soit convergent; la mesure de la convergence de ce système permettra d'en conclure la distance focale de la lentille divergente. Une vérification tout indiquée consisterait à recommencer cette mesure en associant cette même lentille divergente à d'autres lentilles convergentes de distances focales connues, puis à comparer entre eux les résultats obtenus dans ces différentes opérations indépendantes.

72. — Instruments d'optique.

Initié aux propriétés principales des miroirs et des lentilles, notre élève prendrait certainement le plus grand plaisir à en connaître les principales applications. On ne manquera pas de donner satisfaction à une aussi louable curiosité, en lui faisant construire des instruments d'optique sommaires.

On choisira, par exemple, deux lentilles de distances focales très différentes. L'une d'elles, celle de plus grande distance focale, fonctionnera comme objectif de lunette astronomique; l'autre figurera l'oculaire. La première est à demeure sur la règle qui nous sert de banc d'optique; la seconde est portée par un pied coulissant sur le support de la première. Dirigez le système vers un objet lumineux éloigné : flamme de bougie ou lampe électrique. L'oculaire étant enlevé, notre élève recherchera d'abord sur un petit écran de verre dépoli l'image réelle donnée par la première lentille. Puis, laissant en place ce petit écran, il l'observera avec l'oculaire, fonctionnant comme loupe; puis, enfin, l'écran étant enlevé, il cherchera à poursuivre ses observations, ce qui se fera sans grosse difficulté, mais non sans profit de sa part.

Il ne manquera pas de remarquer, une fois de plus, (beaucoup mieux qu'il n'y aurait été conduit par les plus ingénieuses explications) par quels caractères essentiels une image réelle se distingue d'un objet lumineux matériel.

La mise au point reste-t-elle la même pour un objet rapproché ou éloigné? Le champ dépend-il de la position de l'œil derrière l'oculaire? Reste-t-il le même, si on masque une partie de l'objectif? La netteté de l'image est-elle améliorée, quand on diaphragme l'objectif? Questions faciles à résoudre directement avec le dispositif indiqué; et donnant lieu par suite à des exercices variés, intéressants et utiles.

De même, pour ce qui concerne le grossissement, la formation de l'anneau oculaire, le pouvoir séparateur de l'instrument. La même méthode permettrait évidemment de figurer tout aussi facilement le fonctionnement du microscope ou de la lunette de Galilée.

73. — Photométrie.

Nous n'insisterons pas sur la Photométrie dont le principe essentiel a été si clairement exposé par M. Guillaume, dans son *Initiation à la Mécanique* (pages 16 et 17). On ne négligera pas cependant de faire procéder à quelques mesures. Pour photomètre, on prendra un écran diffusant constitué par une lame de verre dépoli. En arrière de cet écran, on pourra déplacer un carton noirci, servant à limiter sur l'écran translucide deux régions éclairées, exactement contiguës. La position de l'œil sera repérée en plaçant, à poste fixe, en avant de l'écran diffusant, un carton percé d'un petit orifice. Nous aurons là une occasion assez rare, paraît-il, de faire une heureuse économie de bouts de chandelles. A cette première mise de fonds il suffira d'adjoindre quelques diaphragmes d'ouvertures connues, que nous aurons découpés à la pointe d'un canif dans une série de cartes de visite. Rien ne nous sera dès lors plus facile que d'établir directement la relation fondamentale de la photométrie.

Nous sommes dorénavant en mesure de parler d'intensités lumineuses égales entre elles, ou telles que l'une d'elles soit double d'une autre. *Les intensités lumineuses sont des grandeurs mesurables.* Les photomètres sont des appareils qui servent à réaliser ce genre de mesure.

De même aussi, les quantités de lumière, les éclairements, les éclats sont des grandeurs mesurables. Des expériences de comparaison permettront à notre élève d'en prendre une idée directe, purement expérimentale, et d'ailleurs très suffisante, pour que désormais elle ne risque plus de se fausser.

74. — La lumière du jour n'est pas simple.

Il ne peut être question pour notre élève d'aborder les difficiles questions de la spectroscopie. On ne devra pas manquer cependant de mettre à profit les nombreuses circonstances où les phénomènes de dispersion de la lumière solliciteront son attention et provoqueront de sa part des demandes réitérées d'explications. Voici une chute d'eau qui, sous les rayons du soleil, se pare des plus brillantes couleurs; ici, c'est une pierre précieuse, d'où jaillissent les feux les plus ardents; là, c'est une bulle de savon dont les magnifiques irisations défient les plus riches descriptions des contes de fées; ce sont encore les ailes de la libellule et du papillon; c'est, enfin et surtout, l'arc-en-ciel, avec toute sa magnificence. Écharpe d'Iris, ou pont du Wallballa, ce splendide météore n'a cessé d'inspirer les poètes de tous les âges de l'humanité; comment laisserait-il insensible l'imagination de l'enfant?

Montrez à l'enfant (ou plutôt amenez-le à faire lui-même cette constatation), que partout il retrouve les mêmes colorations, dans le même ordre. Qu'il s'agisse des gouttelettes entraînées dans une chute d'eau, ou suspendues dans un nuage, qu'il s'agisse des verroteries portées par un lustre les mêmes couleurs apparaissent, dans un ordre de succession invariable. Une fente, un prisme et une lentille vous permettront d'observer facilement le spectre et d'étudier simultanément et à loisir, les différentes lumières qui entrent dans la composition de la lumière blanche.

A titre de contre-épreuve, faites découper à votre élève un disque de carton, qu'il partagera en secteurs; il s'appliquera à recouvrir chacun d'eux de l'une des colorations observées dans le spectre. Une mince aiguille, implantée au centre du disque, permettra de lui imprimer, en la frottant entre les deux mains, un rapide mouvement de rotation, d'où résultera la synthèse, au moins approximative, de la sensation de lumière blanche. Ces expériences très simples, renouvelées de Newton, suffiront pour donner à notre élève une première idée de la complexité de la lumière blanche.

SEPTIÈME PARTIE

ÉLECTRICITÉ STATIQUE

A qui se propose d'initier un jeune esprit à la Physique il serait impossible, à notre époque, de passer sous silence les phénomènes électriques.

Un enfant ne manquera pas, en effet, de nous poser des questions, variées et sans cesse renaissantes, sur les applications, si nombreuses et si attrayantes pour lui, qui de tous côtés se partagent son attention. Télégraphe, téléphone, éclairage et traction électriques, excitent au plus haut point sa curiosité toujours en éveil. Ce serait méconnaître un des facteurs les plus efficaces de la formation intellectuelle que de négliger des conditions aussi avantageuses pour une étude féconde.

D'ailleurs, les appareils se sont simplifiés et vulgarisés à tel point que l'on peut facilement aujourd'hui, pour une faible dépense, disposer d'un matériel très suffisant.

Occupons-nous d'abord de l'électricité statique.

Notre outillage indispensable se compose presque exclusivement d'un électroscope à feuille métallique et d'un électrophore.

75. — L'électroscope.

L'électroscope est un appareil facile à construire, pour peu que l'on consente à faire le sacrifice d'une lanterne en fer blanc.

Que l'on débarrasse celle-ci de son bougeoir; qu'à la place de l'anneau qui servait à la porter ou à la suspendre on coule une plaque épaisse de paraffine; que l'on traverse ce bouchon de paraffine par une tige cylindrique de laiton. Il restera à surmonter cette dernière d'un disque horizontal de laiton de 7 à 8 centimètres de diamètre. L'extrémité inférieure de cette même tige aura été préalablement aplatie sur une longueur de quelques centimètres. Vers le haut de cette partie plate, on collera les extrémités supérieures de deux feuilles d'aluminium, minces et étroites, de 10 centimètres de longueur environ. Les vitres latérales de la cage pourront avec avantage être remplacées par des lames métalliques de laiton ou de fer-blanc.

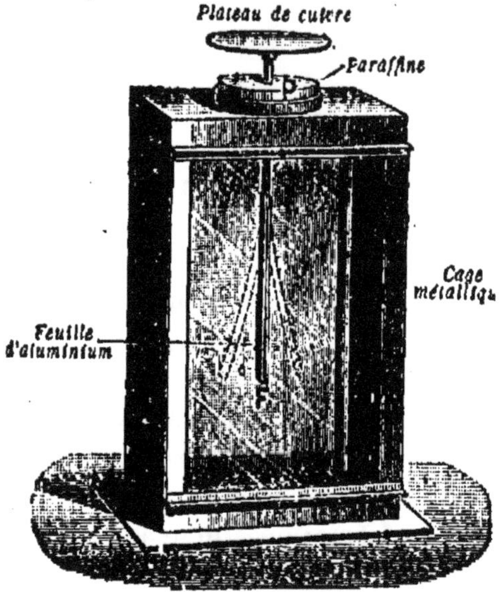

Fig. 58. — Électroscope a feuilles. — Le plateau supérieur de l'appareil, la tige et les feuilles d'aluminum sont isolés du reste de l'appareil par un gros bloc de paraffine P.

Il va sans dire que notre appareil ne perdrait rien de ses qualités, quand bien même, avant d'exercer ses nouvelles fonctions, il n'aurait pas tout d'abord rempli le rôle beaucoup plus modeste que nous lui avions assigné plus haut.

La figure 58 représente l'appareil précédent dont la construction a simplement été un peu plus soignée.

76. — La machine électrostatique.

L'électroscope sera donc notre principal appareil de recherche. Le rôle de machine électrique sera tenu par l'électrophore (fig. 59). Pour nous procurer ce dernier, il nous suffira d'un moule plat de laiton, de 7 à 8 centimètres de diamètre environ, dans lequel nous coulerons un gâteau de paraffine. Celui-ci sera traversé dans son épaisseur par une courte tige de laiton S, communiquant d'une part avec le moule métallique et venant d'autre part effleurer à la surface supérieure de la paraffine. La partie mobile de l'appareil sera constituée par un disque de laiton T porté par un manche A, que l'on aura obtenu en coulant un bâton de paraffine dans un tube à essais.

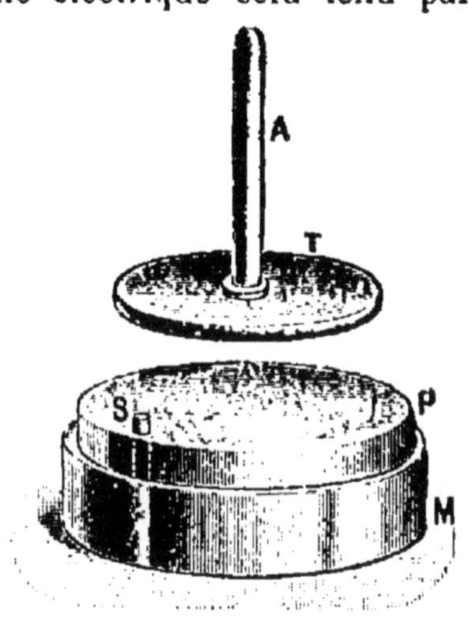

Fig. 59. — Électrophore. — Le disque P, de matière isolante, a été coulé dans un moule de métal M. Un plateau conducteur T est porté par un manche isolant A.

77. — Le cylindre de Faraday et le plan d'épreuve.

Nous voici maintenant en possession de nos deux principaux appareils.

Nous leur adjoindrons un cylindre creux de laiton ou de zinc, de 20 centimètres environ de hauteur, de 10 à

12 centimètres de diamètre; tel que l'on puisse facilement y plonger le disque conducteur de l'électrophore; ce sera notre cylindre de Faraday.

Enfin, pour avoir à notre disposition un plan d'épreuve excellent (fig. 60), nous n'aurons qu'à couler, une fois encore, un bâton de paraffine dans un tube à essais. Un petit disque de clinquant sera implanté à l'une de ses extrémités, tandis que l'autre sera enveloppée de papier d'étain, dans la partie destinée à être saisie à la main.

Nous compléterons notre matériel par quelques bâtons, disques ou gâteaux de paraffine, de dimensions et de modèles variés suivant les besoins.

Fig. 60. — PLAN D'ÉPREUVE. — Le petit disque conducteur D est porté par un manche isolant.

78. — Premières expériences d'électricité statique.

Nous indiquerons, très rapidement et sans insister, les expériences les plus faciles et les plus instructives que nous permettrait cette rudimentaire installation.

1° *Développement de l'électricité par le frottement.* Battre légèrement le plateau de l'électroscope avec un morceau de flanelle tenu à la main; les feuilles d'aluminium divergent fortement.

2° *Corps conducteurs et corps isolants.* Toucher du doigt le plateau de l'électroscope électrisé; les feuilles retombent aussitôt. Recommencer l'expérience, en touchant maintenant le plateau électrisé avec un bâton de verre ou de paraffine; la divergence des feuilles persiste. On se rend compte ainsi du rôle indispensable de la paraffine dans la construction de l'électroscope.

Un fil de coton ciré possède une conductibilité intermédiaire à celles des métaux et des isolants. On s'en convaincra facilement, en utilisant un de ces fils pour relier notre électroscope au cylindre de Faraday, préalablement isolé puis électrisé.

3° *Il y a deux sortes d'électricités.* L'électroscope ayant été légèrement électrisé, battre légèrement l'électrophore avec un chiffon de flanelle, le recouvrir de son plateau conducteur; puis retirer ce dernier par son manche isolant et l'approcher lentement de l'électroscope; observer l'effet produit sur les feuilles d'aluminium. Approcher maintenant le gâteau de paraffine; comparer les nouveaux effets à ceux qui ont été obtenus précédemment.

4° *Les charges électriques développées par le frottement sont égales entre elles et douées de propriétés opposées.* Placer sur le plateau de l'électroscope le cylindre de Faraday dans lequel on a introduit un morceau de fourrure. Prendre à la main un bâton de verre, de cire ou de résine que l'on introduira dans le cylindre, en exerçant un frottement contre la fourrure. Les feuilles d'aluminium ne divergent pas, tant que le bâton reste enfoncé dans le cylindre. — Comparer et expliquer ce qui se produit, quand le bâton est complètement retiré du cylindre.

5° *L'électrisation est une grandeur mesurable.* Le cylindre de Faraday est placé sur le plateau de l'électroscope. On bat légèrement avec un morceau de flanelle le gâteau de paraffine de l'électrophore. On applique à sa surface le plan d'épreuve, que l'on a soin de faire toucher à la tige de laiton émergente. On transporte le plan d'épreuve, ainsi électrisé, à l'intérieur du cylindre, avec lequel on l'amène au contact; on le retire du cylindre; on note la divergence des feuilles d'aluminium. Décharger ensuite le cylindre; reporter le plan d'épreuve sur le gâteau de paraffine de l'électrophore; et recommencer la série d'opérations précédentes. On observera la même divergence des feuilles d'aluminium, quel que soit le point par lequel se produit le contact du plan d'épreuve à l'intérieur du cylindre de Faraday. La divergence eût été plus grande, au contraire, si l'on avait, au préalable, plus fortement chargé le gâteau de paraffine de l'électrophore. A chacun de ses voyages successifs, du gâteau au cylindre, le plan d'épreuve provoque un effet identique sur les feuilles de l'appareil. Nous sommes amenés à dire qu'il porte, à chaque fois, des charges égales.

L'appareil permet de faire la somme des charges transportées dans deux opérations successives. Un corps conducteur que l'on introduit à l'intérieur du cylindre et que l'on retire, après l'avoir amené à son contact, en ressort, à chaque fois, complètement déchargé. La déviation finale conserve d'ailleurs la même valeur, quels que soient les points qui ont été touchés à l'intérieur du cylindre, que les contacts avec la paroi aient été simultanés ou successifs, et dans quelque ordre qu'ils aient eu lieu.

Il serait d'ailleurs toujours possible de trouver un corps électrisé B qui, à lui seul, quand on l'introduit dans le cylindre, produirait le même effet que deux corps électrisés A et A', simultanément ou successivement introduits. On dira que la charge électrique de ce corps B est égale à la somme des charges électriques des corps A et A'.

Le mot *somme* doit d'ailleurs être pris ici dans son sens algébrique ; et l'expérience du n° 4 peut alors se traduire de la façon suivante : *La somme des charges électriques développées par le frottement est rigoureusement nulle.*

6° *On pourrait se proposer de graduer l'appareil précédent.* Cette opération se ferait sans difficulté. Nous savons que, le gâteau de paraffine de l'électrophore étant électrisé, le plan d'épreuve amené à son contact enlève, à chaque fois, une même charge Celle-ci est introduite dans le cylindre de Faraday. On construirait une courbe, dans laquelle les abscisses seraient proportionnelles aux charges apportées par le cylindre et les ordonnées proportionnelles aux écarts des feuilles.

79. — La distribution électrique.

7° La *distribution électrique* donnerait lieu à des expériences très simples et très faciles. On pourra, par exemple, procéder de la façon suivante :

Notre cylindre de Faraday repose sur un gâteau de paraffine; on l'électrise, puis on applique le plan d'épreuve en un point de sa surface intérieure. Le plan d'épreuve retiré du cylindre n'exerce aucune action sensible sur l'électroscope; d'où cette conclusion capitale :

Les charges électriques, portées par un conducteur, sont exclusivement superficielles.

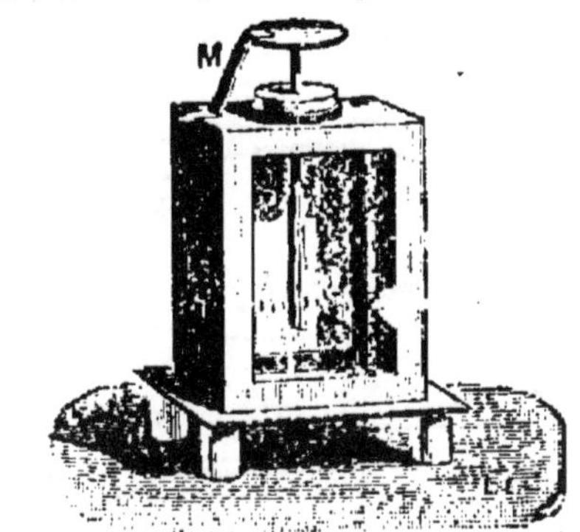

Fig. 61. — ABSENCE D'ÉLECTRICITÉ A L'INTÉRIEUR D'UN CORPS CONDUCTEUR. — On réunit par une bande d'étain M le plateau et la cage d'un électroscope isolé. Les feuilles ne divergent pas, quelle que soit la charge communiquée à l'appareil.

8° On peut encore, très simplement procéder de la façon suivante. Notre électroscope repose, exceptionnellement pour cette fois (fig. 61), sur de petits blocs de paraffine ; il est donc isolé. Mettons les feuilles d'aluminium en communication permanente avec la cage métallique extérieure de l'appareil; une simple bande de papier d'étain M, allant du plateau à la cage, suffira pour obtenir ce résultat. Dans ces conditions, la cage de l'appareil, le plateau, les feuilles constituent un corps conducteur unique, isolé. Électrisons-le par les procédés qui jusqu'ici nous ont toujours réussi; les feuilles d'aluminium restent insensibles à tous nos efforts.

On pourrait conclure que les feuilles de l'appareil ne se sont pas électrisées. Nous rencontrerions ainsi une confirmation de la précédente expérience. Nous pouvons dire également, qu'*en tout point intérieur à un conducteur fermé, les actions électriques sont rigoureusement nulles*. Ce qu'on exprime habituellement en disant : *Le champ électrique est nul à l'intérieur d'un conducteur fermé.*

9° Au commencement de ce paragraphe, le plan d'épreuve nous a déjà servi à explorer la surface intérieure du cylindre de Faraday. La même étude peut être faite, de la même façon, pour sa surface extérieure. On touche un point de cette surface avec le plan d'épreuve ; on le retire bien normalement à la surface, puis on le transporte à l'intérieur d'une petite cavité métallique, ménagée en dessous du plateau de l'électroscope, et qui, fonctionnant comme cylindre

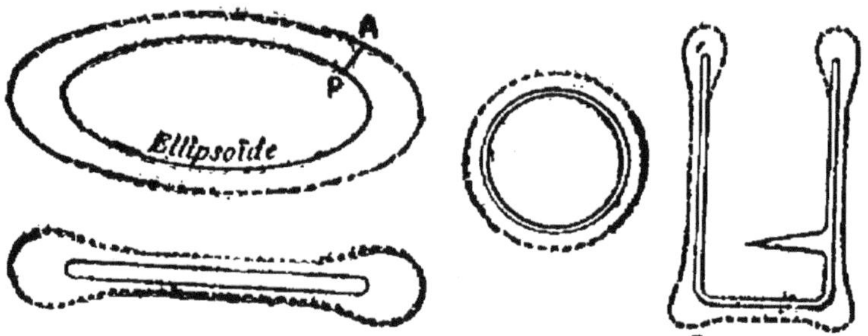

Fig. 62. — Exemples de distribution électrique sur les corps conducteurs. — La densité électrique est considérable sur les parties saillantes (pouvoir des pointes) et très faible, au contraire, dans les parties rentrantes.

de Faraday, permet de décharger complètement le plan d'épreuve. On note la divergence des feuilles métalliques ; on décharge l'électroscope, puis on recommence plusieurs opérations du même genre, en ayant soin toutefois, d'une expérience à l'autre, de faire varier graduellement sur le cylindre la hauteur du point de contact étudié.

Les diverses quantités ainsi mesurées définissent, par convention, les *densités électriques* aux différents points de la surface du cylindre. On reporte les résultats observés sur un croquis (fig. 62). Pour cela, en chacun des points de la surface du cylindre, on élève une normale, sur laquelle on porte une longueur proportionnelle à la densité électrique mesurée. Les figures ci-jointes représentent la distribution électrique dans certains cas simples et intéressants : ellipsoïde, plateau, cylindre creux.

10° *La déperdition électrique* pourrait s'étudier facilement, en reliant au plateau de l'électroscope, par un fil de coton ciré, le cylindre de Faraday isolé. Le cylindre étant électrisé, on construirait la courbe qui représente l'écart des feuilles d'aluminium en fonction du temps.

80. — Influence électrique.

11° Les *phénomènes d'influence* sont particulièrement intéressants à manifester avec notre appareil. La cage de notre électroscope est, comme à l'ordinaire, en communication avec le sol. On en approche lentement un bâton de paraffine légèrement frotté; les feuilles divergent : elles restent en repos, tant que le bâton de paraffine reste en place. Elles retombent à l'état primitif, dès que l'on retire le bâton de paraffine.

Le système conducteur formé par le plateau et les feuilles s'était électrisé par influence, sa charge totale était rigoureusement nulle.

On aurait pu encore électriser au préalable l'électroscope, constater la divergence des feuilles, puis approcher lentement la main du plateau de l'électroscope; la divergence diminue. Les phénomènes d'influence sont ainsi mis en pleine évidence.

12° Recommencer l'expérience décrite au début de ce paragraphe, avec cette différence que l'on touche du doigt le plateau de l'électroscope, en même temps que l'on en approche le bâton de paraffine électrisée. Les feuilles ne divergent pas. On retire le doigt; puis on éloigne le bâton de paraffine. Les feuilles divergent beaucoup plus fortement que dans l'expérience précédente.

Examiner ce qui se passe, ensuite, si de l'appareil électrisé par influence, comme nous venons de le dire, on approche lentement soit un bâton de verre, soit un bâton de résine électrisés. En déduire comment l'électroscope pourrait pratiquement servir à reconnaître : 1° si un corps est électrisé; 2° de quelle nature sont les charges qu'il porte.

Chacune des expériences que nous venons de rappeler succinctement s'interprète facilement et, pour ainsi dire, immédiatement, à l'aide de résultats antérieurement acquis. Pour chacune d'elles, l'explication vient tout naturellement se présenter à l'esprit de l'élève et se superposer, en quelque sorte aux faits qu'il vient d'observer. Aussi, devra-t-on se garder soigneusement d'en donner un exposé systématique, à prétentions plus ou moins synthétiques. *Non est hic locus.* L'initiateur devra se défendre contre la tentation d'exposer ou de faire valoir une théorie quelconque, si simple, si élémentaire soit-elle. Tout au contraire, il se bornera uniquement à indiquer les expériences à faire; s'il y a lieu, il redressera certaines maladresses opératoires ou rectifiera quelques conclusions trop hâtives. Il sera bon qu'il invite son jeune compagnon à reprendre une expérience déjà oubliée et peut-être mal comprise, ou à regarder avec plus de soin et moins de précipitation tel détail peut-être trop dédaigné.

Cherchant à éviter à son élève les grosses difficultés de la route, ce ne sera pas assez pour lui de rassembler en sa personne toute la sagesse de Mentor. Aussi avisé que son vénérable précurseur de l'antiquité, il sera toutefois moins abondant en paroles et consentira à se montrer moins disert. Se résignant presque à ne pas parler, il laissera la parole aux faits, dont l'éloquence est ici seule opportune, parce que c'est elle seule qui peut amener la conviction.

Ainsi comprise, l'étude de l'électricité statique devient pour notre jeune enfant un véritable jeu dont il regrettera, à chaque fois, la durée trop brève. Semblable à l'explorateur qui, dans un pays inconnu, voit se dérouler rapidement devant ses yeux les découvertes les plus inattendues, il sera toujours désireux de savoir ce que lui réservent les expériences de la prochaine séance.

81. — Les lois de Faraday.

13° Si notre élève nous a suivis jusqu'ici, peut-être pourrons-nous essayer d'aborder avec lui les délicates questions des relations quantitatives et numériques. Quelle que soit, à cet égard, notre décision, nous n'aurons pas à modifier ni à compléter notre appareillage qui pourra suffire également à ces nouveaux besoins.

Le cylindre de Faraday (fig. 63) est isolé et mis en com-

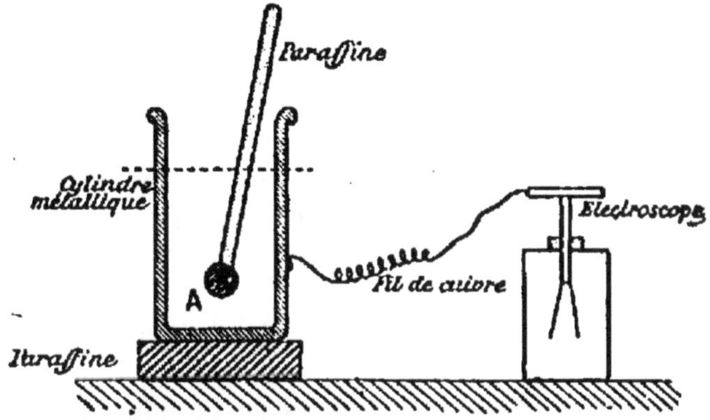

Fig. 63. — EXPÉRIENCE DU CYLINDRE DE FARADAY. — Dès que le corps A est plongé assez avant dans le cylindre, la divergence des feuilles de l'électroscope conserve une valeur invariable.

munication, par un fil long et fin, avec le plateau de notre électroscope. Introduisons dans le cylindre le plan d'épreuve électrisé A, porté par son manche isolant. Les feuilles divergent. Dès que le corps électrisé est suffisamment enfoncé dans le cylindre, la divergence ne varie plus. Nous en concluons que :

Un corps électrisé, placé à l'intérieur d'un conducteur fermé, développe sur celui-ci une distribution électrique qui, sur la surface extérieure du conducteur, est absolument indépendante de la position occupée par l'inducteur.

14° Après contact du plan d'épreuve et du cylindre, la divergence ne change pas. Il ne sera pas difficile de tirer cette conclusion :

La quantité d'électricité induite est égale, dans le cas de l'expérience de Faraday, à la charge même du corps inducteur.

15° Une fois le corps inducteur sorti du cylindre, nous avons pu constater qu'il était revenu à l'état neutre. Le cylindre ne porte alors aucune charge induite sur sa surface intérieure. Enfin, la distribution électrique extérieure du cylindre n'a pas changé après le contact. Le rapprochement de ces trois constatations nous conduit à conclure que : La plage induite intérieure était, à chaque instant, distribuée de telle façon qu'elle annihilait en tout point extérieur les actions de la charge inductrice. C'est la propriété bien connue des *écrans électriques*.

16° La propriété des écrans électriques peut encore se mettre en évidence de la façon la plus simple :

On tient d'une main un bâton électrisé, de l'autre une toile métallique que l'on place entre le bâton électrisé et l'électroscope. Les feuilles de l'électroscope restent immobiles.

82. — Le potentiel électrique.

17° Le dispositif de l'expérience de Faraday nous permettrait de faire encore cette constatation :

Quel que soit le point du cylindre que l'on touche avec le fil conducteur relié à l'électroscope, la déviation observée sur les feuilles reste la même. Elle ne change pas, en particulier, si l'extrémité libre du fil est mise en contact avec un point de la surface intérieure du cylindre. La divergence n'augmente ou diminue, que si l'on augmente ou diminue la charge totale portée par l'appareil.

Il y a donc lieu de faire une distinction expresse entre :

1° la *densité électrique* qui varie d'un point à l'autre d'un conducteur et qui, en particulier, s'annule en tout point pris à son intérieur;

2° une grandeur nouvelle, dont les expériences précédentes nous montrent toute l'importance. Cette grandeur a pour caractère essentiel de rester constante en tous les points de la masse d'un conducteur en équilibre électrique et de ne varier qu'avec l'état d'électrisation de ce conducteur ou des conducteurs voisins.

Nous sommes ainsi conduits à établir une distinction capitale entre ces deux notions fondamentales : la *charge électrique* portée par un conducteur et le *potentiel électrique* de ce conducteur (voir § 99).

83. — La capacité électrique.

18° L'électroscope étant électrisé, on note la déviation des feuilles; celle-ci définit le potentiel de l'électroscope. On approche du plateau de l'électroscope un plateau métallique tenu à la main, la déviation diminue graduellement; on dira donc que le potentiel de l'électroscope diminue. L'appareil serait maintenant en état de recevoir de nouvelles charges électriques d'un conducteur électrisé avec lequel il eût été primitivement en équilibre électrique. On dira que sa *capacité électrique* a augmenté. La notion de capacité électrique se présente, elle aussi, comme une conséquence immédiate de nos expériences. On verrait facilement, sans qu'il soit nécessaire d'insister davantage :

a) qu'un plateau circulaire, une sphère conductrice, un fil métallique, ont des capacités électriques qui vont en croissant en même temps que leurs dimensions. La capacité électrique d'un conducteur est, toutes autres choses égales d'ailleurs, d'autant plus grande que sa surface extérieure est plus développée,

b) que la capacité électrique d'un conducteur augmente quand on en approche un second conducteur isolé ;

c) qu'elle augmente encore, si ce dernier est mis en communication avec le sol ;

d) qu'elle augmente enfin, si entre les deux conducteurs on introduit une lame isolante de verre ou de paraffine.

Nous sommes ainsi pleinement préparés à comprendre les propriétés des *condensateurs électriques*.

On pourra, si on le juge à propos, construire facilement de petites bouteilles de Leyde, et réaliser les nombreuses et intéressantes expériences auxquelles elles se prêtent.

HUITIÈME PARTIE

LE COURANT ÉLECTRIQUE

Nous avons insisté avec quelques détails sur les phénomènes d'électricité statique. Nous pouvions, à titre d'excuses, invoquer la simplicité relative des appareils qui nous étaient nécessaires, ainsi que la généralité et l'importance des lois que nous voulions établir.

Les propriétés des courants présentent, au point de vue pratique, une importance beaucoup plus considérable.

84. — Magnétisme.

L'étude des courants électriques sera avantageusement précédée par celle des phénomènes magnétiques.

Deux aiguilles aimantées, mobiles sur pivot vertical, nous permettront de constater :

1° Leur orientation sous l'action de la terre et, par suite, l'existence *d'un champ magnétique terrestre.*

2° Les oppositions de propriétés de leurs deux extrémités et, par suite, le fait essentiel désigné sous le nom de *polarité magnétique.*

3° Les *répulsions* exercées entre pôles de même nom et les *attractions* exercées entre pôles de nom contraire.

4° Le phénomène du *spectre magnétique.*

85. — Spectres magnétiques. Lignes de force.

On portera toute l'attention de l'élève sur le spectre magnétique (fig. 64).

L'expérience est susceptible d'être variée à l'infini, soit avec un aimant unique rectiligne ou en fer à cheval, soit

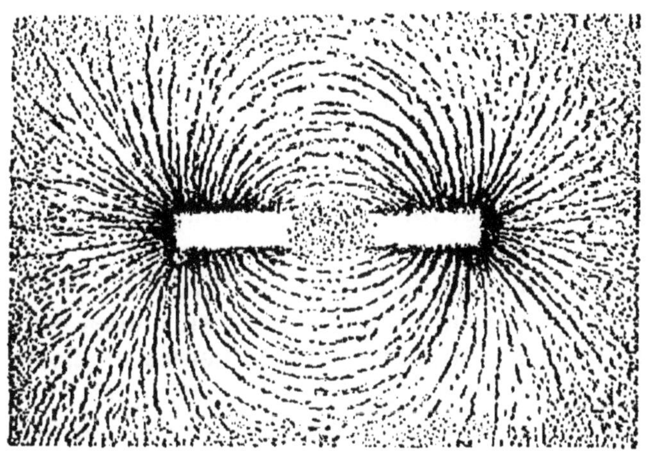

Fig. 64. — SPECTRES MAGNÉTIQUES. — Lorsqu'on saupoudre de limaille de fer une feuille de carton placée au-dessus d'un aimant, on voit les grains de limaille se disposer en files régulières, qui définissent les lignes de force du champ de l'aimant.

avec deux aimants placés parallèlement ou bout à bout, dans le même sens ou en sens contraire, etc., etc.

Notre jeune explorateur ne manquera pas de prendre des reproductions de ces divers spectres, soit en fixant les grains de limaille sur le papier avec une solution de gomme laque dans l'alcool, soit en opérant sur une feuille de papier sensible à l'action de la lumière.

Dans ce dernier cas, il suffira d'exposer le spectre quelque temps à la lumière du jour, puis de débarrasser le papier de l'excès de limaille et de développer ensuite à la manière ordinaire.

Une de ces petites boussoles que l'on se procure à peu de

frais, lui permettra de définir un sens pour chacune des *lignes de force* du champ. Il pourra suivre chacune d'elles depuis le pôle nord où elle prend naissance jusqu'à un pôle sud où elle s'absorbe. La signification théorique et pratique de ces lignes lui apparaît très nettement. Il ne tarde pas à savoir lire directement sur le diagramme des lignes de force tous les renseignements dont il peut avoir besoin, à savoir : la forme du champ exploré, la direction, le sens et l'intensité relative de ce champ en ses différents points.

86. — Première idée du courant électrique.

Familiarisés déjà quelque peu avec les phénomènes magnétiques, nous pouvons aborder maintenant l'étude du courant électrique.

Il n'est personne aujourd'hui qui n'ait eu à se servir du courant électrique ou qui n'en ait, tout au moins, constaté autour de lui les multiples et merveilleuses applications. Depuis longtemps déjà, notre jeune élève sait quels prodiges provoque la simple manœuvre d'un bouton convenablement disposé. Qu'une sonnerie retentisse, qu'une lampe s'allume à un simple contact, il ne songe plus à manifester le moindre étonnement. Téléphones, télégraphes avec ou sans fil, tramways électriques, il sait quel rôle jouent dans notre vie de chaque jour ces mystérieux organes de l'industrie moderne. Il n'ignore pas que l'électricité est de tous les agents naturels dont nous disposons, le plus puissant et le plus souple à la fois, véritable Protée que les physiciens ont assujetti à toutes les fantaisies de l'homme.

Nous ne sommes donc pas obligés de suivre ici un mode d'exposition systématique, et nous nous en garderons soigneusement.

Nous ne chercherons pas quelle idée on doit ou l'on peut se faire sur la nature de l'électricité ou sur les procédés qui peuvent avoir des chances de la mettre en œuvre.

Nous prendrons le courant tel qu'il est, tel que notre élève le connaît déjà ou tel qu'il croit le connaître; et nous lui proposerons d'en entreprendre avec nous une étude purement expérimentale. Nous tirerons, de cette manière de procéder, un double avantage. Tout d'abord, puisque nous laissons délibérément de côté l'explication du fonctionnement des générateurs électriques, nos recherches seront aussi simplifiées que possible; d'autre part, puisque notre étude est purement expérimentale, nous n'aurons pas à péniblement poursuivre les conséquenses hasardeuses d'un ensemble de lois ou d'hypothèses mal comprises.

Notre matériel sera d'ailleurs des plus élémentaires. Nous demanderons notre force électromotrice à quelques-uns de ces petits accumulateurs communément répandus dans le commerce. Nous leur adjoindrons un ampèremètre et un voltmètre à aiguille mobile. Comme notre intention n'est pas d'utiliser de grandes intensités, il nous suffira que la graduation de notre ampèremètre s'élève jusqu'à 2 ou 3 ampères; de même, les indications du voltmètre n'auront pas besoin de monter au-dessus d'une dizaine de volts.

Il serait vain d'ailleurs de viser à une grande précision; cette prétention ne pourrait que nous conduire à aborder l'étude de nombreux phénomènes qui compliqueraient nos mesures et que, par conséquent, nous devons négliger.

Donner à notre jeune élève une idée suffisamment précise des lois fondamentales qui régissent les courants électriques est actuellement notre unique objet. Nous n'avons donc à rechercher ni une grande sensibilité ni une rigueur prématurée. On fabrique aujourd'hui de petits appareils de mesure peu coûteux qui répondent très bien aux conditions que nous venons d'indiquer.

Resterait, pour compléter notre matériel, à nous munir de conducteurs électriques convenables. Il suffira, pour les faibles résistances, d'avoir à notre disposition quelques mètres de fil de sonnerie et, pour les grandes résistances, nous pourrons nous accommoder d'un mètre ou deux de fil de manganine d'un diamètre voisin du quart de millimètre.

Les autres appareils dont nous pourrions avoir besoin sont à portée de notre main.

Il ne nous en coûtera guère, par exemple, de décrocher la

sonnerie électrique de l'antichambre ou d'installer sur notre table d'expériences une des lampes électriques qui servent à notre éclairage journalier.

87. — Effets magnétiques, calorifiques et chimiques du courant électrique.

Disposons donc sur la table une sonnerie électrique fonctionnant normalement. Sur la même table est placée une aiguille aimantée, mobile sur pivot vertical. L'aiguille ayant pris sa position d'équilibre, tendons l'un des fils de la sonnerie parallèlement à l'axe de l'aiguille et à très petite distance.

Prions maintenant notre élève d'appuyer sur le bouton de la sonnerie. Aussitôt, celle-ci résonne; mais, ce fait, pour le moment du moins, n'arrête guère son esprit déjà prévenu. Au contraire, *la déviation de l'aiguille aimantée* ne risque guère de passer inaperçue.

La sonnerie fonctionne. Notre élève sait qu'il est d'usage de dire *qu'un courant électrique circule dans le fil.*

D'autre part, *l'aiguille est déviée.*

Voilà deux faits intimement liés l'un à l'autre; la nature de cette liaison lui échappe complètement. Néanmoins il ne peut s'empêcher de conclure que : *Au voisinage d'un courant électrique, s'étend un champ magnétique.*

Notre jeune ami aura vite fait d'ailleurs de s'assurer que l'aiguille aimantée n'est déviée qu'autant que la sonnerie résonne et qu'elle revient à sa position primitive dès que l'on cesse d'appuyer sur le bouton. Le champ magnétique, créé par le courant, apparaît et disparaît en même temps que le courant lui-même. Il sera pour nous un moyen très facile et très sûr de reconnaître l'existence du courant; et l'élève ne tardera peut-être pas à faire de lui-même cette remarque que la sonnerie électrique est précisément une application particulière du fait général qu'il vient de découvrir.

Ne nous arrêtons pas en aussi beau chemin. Remplaçons notre sonnerie par une de ces petites lampes à incandescence de 4 à 6 volts, qui servent couramment de jouets aux enfants; nous la voyons s'illuminer dès que l'on appuie sur le bouton. Notre élève continuera à attribuer ce fait à cette entité mystérieuse qu'il appelle *courant électrique*, et il ne manquera pas de dire :

Le courant électrique dégage de la chaleur dans les fils qu'il traverse.

Enfin, prenons un de ces tubes en U, qui sont d'un fréquent usage en chimie; remplissons-le presque complètement d'eau acidulée; retirons la lampe du circuit précédent et plongeons les deux bouts de fil, devenus libres, dans les deux branches du tube.

Laissez à votre élève le plaisir de s'émerveiller aux détails d'une expérience probablement nouvelle pour lui, laissez-lui le soin d'observer et de voir par lui-même, de varier et de détailler ses observations. N'intervenez que sur sa demande. Ce qu'il découvrira ainsi vaudra infiniment mieux que toutes vos descriptions, ici encore, forcément fastidieuses.

Quoique le moment ne soit peut-être pas encore venu, que nous choisirions pour tirer de ces observations toutes les conséquences qu'elles comportent au point de vue des phénomènes de l'électrolyse, n'oublions jamais que l'enfant se soucie peu de notre logique formelle et de nos exposés plus provisoires encore que méthodiques.

On pourra à l'aide de dispositifs faciles à imaginer (fig. 65) recueillir séparément les gaz dégagés à chacun des deux bouts du fil. Les descriptions que l'on trouvera dans l'*Initiation chimique* de M. Darzens (pages 48 et 49) nous dispensent d'ailleurs d'insister davantage.

Changez la nature du liquide électrolytique; opérez sur de l'eau acidulée, sur de l'eau salée, sur une dissolution de sulfate de cuivre. Peu importe si nous paraissons nous éloigner, pour un moment, de l'étude que nous avons entreprise du courant électrique. Toutes les constatations que fera l'élève seront pour lui du plus haut intérêt et ne manqueront pas de trouver plus tard leurs applications.

Dans chacune de ces expériences, l'élève aura certainement remarqué que, sur les deux extrémités du fil, apparaissent des substances qui n'existaient pas jusqu'alors à l'intérieur du liquide.

Dans le cas de l'eau acidulée, apparaissent deux gaz très différents par leurs propriétés; l'un est susceptible de brûler avec une flamme pâle; c'est l'hydrogène. L'autre peut rallumer une allumette éteinte, présentant encore quelques points en ignition; c'est l'oxygène. Le premier est en volume double du second; et cela, à quelque instant que l'expérience prenne fin. Nous savons par nos études de chimie (*Initiation chimique*, page 46), que l'eau est précisément formée de ces deux gaz, dans les proportions mêmes où nous les avons recueillis dans nos deux éprouvettes.

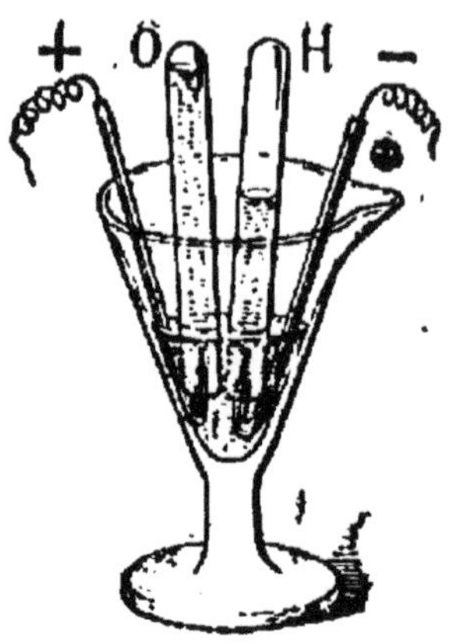

Fig. 65. — VOLTAMÈTRE SIMPLIFIÉ. — Les deux fils-conducteurs sont protégés par des tubes de verre et noyés, au fond du récipient, dans une masse de paraffine fondue.

Nous sommes donc arrivés successivement à ces trois propositions fondamentales :

Un courant électrique crée toujours autour de lui un champ magnétique.

Un courant électrique dégage toujours de la chaleur dans les fils qu'il traverse.

Un courant électrique ne peut traverser certains corps composés (électrolytes), sans provoquer des phénomènes de décomposition chimique.

88. — Le courant électrique ne peut se manifester que dans un circuit fermé.

Revenons à notre dispositif du début. Il va nous permettre de préciser davantage certains caractères essentiels au courant électrique sur lesquels, dans un premier examen trop hâtif, nous nous étions à peine arrêtés.

Les phénomènes que nous avons étudiés ne se produisent que quand on appuie sur le bouton de la sonnerie. Quand on cesse d'appuyer, on dit que *le circuit est rompu. Le courant électrique ne peut se produire que dans un circuit fermé.* Il sera bon de faire préciser cet énoncé à notre élève par des expériences de comparaison.

1° Si l'on intercale dans le circuit primitif de petits morceaux de verre, de résine, de caoutchouc, de soufre, de soie, de paraffine, de gutta-percha ou de porcelaine, tous les phénomènes s'arrêtent instantanément. On dit que ces corps sont des *isolants.* Le dispositif du bouton de sonnerie a précisément pour effet d'introduire dans le circuit une mince lame d'air. On dit que l'air et les gaz sont des isolants.

2° Au contraire, on pourrait remplacer le fil de cuivre de notre sonnerie électrique par un fil de n'importe quel autre métal. On dit que les métaux sont *conducteurs* du courant. Il en est de même du charbon des cornues.

3° Nous avons vu enfin que certains corps, tels que l'eau acidulée, le sulfate de cuivre en dissolution, laissent passer le courant mais subissent en même temps une décomposition chimique. On dit que ce sont des *électrolytes.*

Notre élève se rappellera désormais qu'il ne peut y avoir de courant que dans un circuit fermé, ne renfermant uniquement que des corps conducteurs ou des électrolytes.

89. — Rôle essentiel de l'électromoteur.

Une autre remarque s'impose encore, logiquement plus importante que toutes celles qui précèdent.

Aucun des phénomènes décrits plus haut ne continuerait à se produire, si du circuit fermé on retirait les accumulateurs que nous y avions intercalés tout d'abord. Les accumulateurs, il est vrai, auraient pu être remplacés par des piles. Piles ou accumulateurs sont des générateurs du courant électrique. De fait, le courant électrique qui sert à notre éclairage n'est généralement produit ni par des accumulateurs ni par des piles, mais par des machines que l'on met

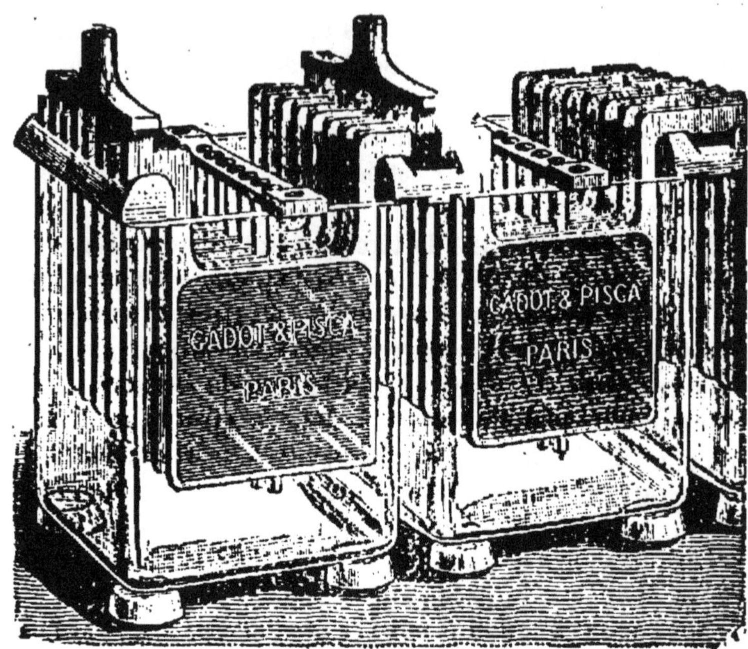

Fig. 66. — Un type d'accumulateur. — L'énergie disponible dans les accumulateurs a été empruntée au courant qui a servi à les charger. L'accumulateur se décharge par son propre fonctionnement.

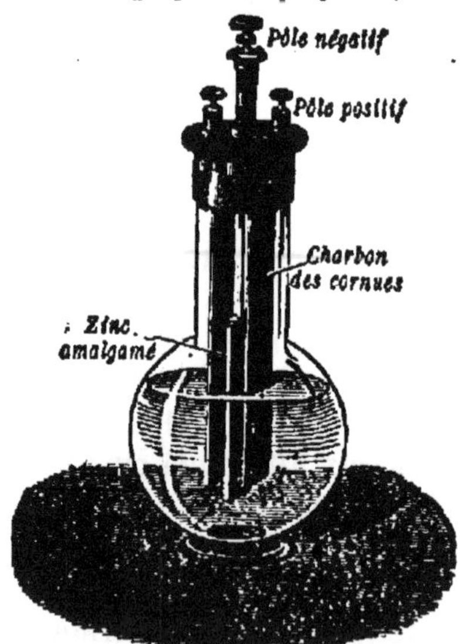

Fig. 67. — Un type de pile (pile au bichromate). — Le liquide de cette pile est une solution de bichromate de potasse dans l'acide sulfurique étendu. Le pôle négatif est une lame de zinc ; le pôle positif est formé par deux lames de charbon reliées entre elles. La lame de zinc et le liquide de la pile s'usent par le fonctionnement même de la pile.

en mouvement dans des usines spécialement aménagées à cet usage. On dit que les accumulateurs (fig. 66), les piles (fig. 67), les machines électriques (fig. 68), sont des *électro-*

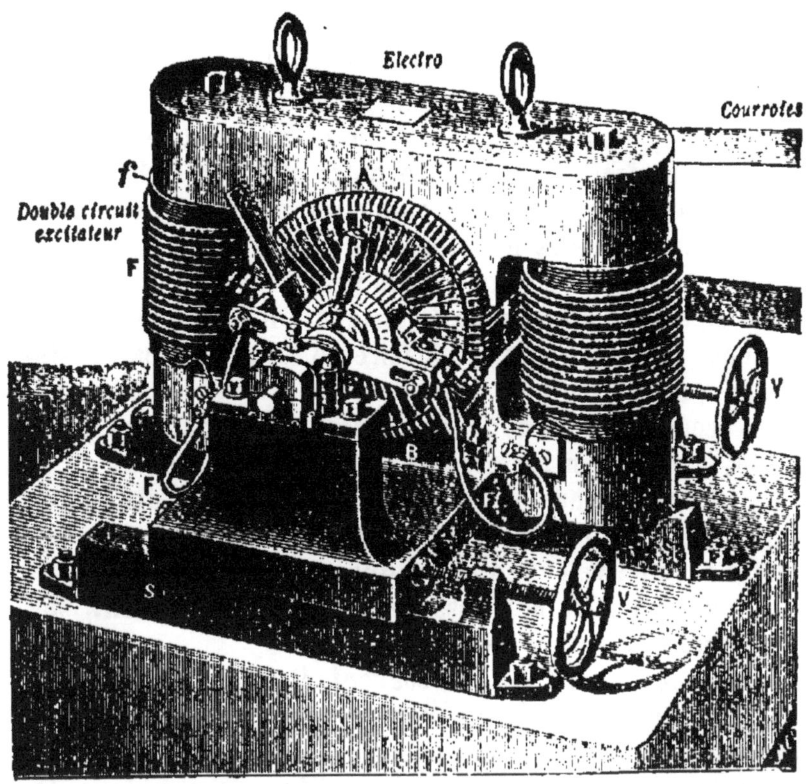

Fig. 68. — Un type de machine électrique (dynamo Gramme). — Le courant fourni par cette machine est emprunté à l'énergie dépensée pour faire tourner l'anneau central entre les mâchoires d'un électro-aimant.

moteurs. Notre électrophore était, lui aussi, un électromoteur; mais, ses applications étant très limitées, nous n'aurons plus à y revenir.

90. — De l'énergie dans les courants électriques.

Quoi qu'il en soit, il importe donc de ne jamais perdre de vue que :

Il n'y a pas de courant électrique sans électromoteur.

Les deux points d'attache du fil de ligne avec l'électromoteur s'appellent les deux *pôles* de l'électromoteur.

On pourra facilement mettre notre élève en présence de l'un des trois types d'électromoteurs précédemment indiqués. Accumulateurs ou piles électriques sont à la portée de tous. On trouvera sans trop de peine l'occasion de visiter une installation d'éclairage électrique. On ne manquera pas d'amener notre jeune élève à faire de lui-même les constatations que nous allons indiquer :

Les accumulateurs ne fonctionnent que pendant un temps limité; il arrive un moment où ils sont déchargés.

La pile s'use par son propre fonctionnement; il faut, au bout d'un certain temps, remplacer les zincs qui ont été rongés et renouveler le liquide qui les entoure.

La dynamo (fig. 68) cesse de donner du courant, dès qu'on cesse de la faire tourner.

D'une façon générale, *le courant électrique ne s'obtient pas sans qu'on ait dépensé une certaine quantité d'énergie.* Il avait fallu dépenser de l'énergie pour charger les accumulateurs; les piles consomment de l'énergie chimique; les usines électriques empruntent l'énergie des chutes d'eau ou des machines à vapeur.

Le courant, une fois produit, se manifeste à son tour par de l'énergie qu'il met à notre disposition, soit pour notre éclairage ou notre industrie chimique, soit pour les moteurs de nos ateliers ou de nos appareils de transport.

En un mot, *le courant électrique est un agent de transformation de l'énergie.* Il va sans dire que c'est un agent merveilleux, que c'est incontestablement le plus maniable et le plus économique de tous les agents de transformation de l'énergie; mais, il ne faut pas oublier qu'il ne crée pas l'énergie et qu'il ne peut en fournir plus qu'on en a dépensé pour le mettre en jeu.

Soit, par exemple, une chute d'eau qui, utilisée sur place, pourrait actionner une usine d'une puissance de 1 000 chevaux. Il arrive que, pour des raisons d'ordre économique variées, on préfère installer l'usine à une certaine distance de la chute. On asservit alors cette dernière à faire tourner une machine électrique et à lancer à distance l'énergie disponible, que l'on utilisera pour mettre en mouvement les machines-outils de l'usine réceptrice. Les ateliers auxquels la chute d'eau apportera ainsi la vie et l'animation disposeront aisément d'une puissance mécanique de 800 chevaux. Il ne sera même pas bien difficile, par une installation convenable des machines et par un aménagement judicieux de la ligne, de recueillir une puissance totale de 900 chevaux. Au contraire, quoi qu'il arrive et quoi qu'on fasse, on ne réussira jamais à fournir à l'usine une puissance de 1 100 ou de 1 200 chevaux.

91. — Ce qu'il faut entendre par sens du courant.

Pour compléter notre rapide étude des propriétés qualitatives du courant électrique, il nous reste à faire comprendre à notre jeune élève ce que signifie l'expression de *sens du courant*.

A cet effet, il nous suffira de reprendre nos premières expériences, après avoir interchangé les communications entre les deux extrémités du fil de ligne et les deux pôles de l'électromoteur.

On constatera que :

1° *la déviation de l'aiguille aimantée change de sens ;*

2° *l'hydrogène se dégage maintenant sur l'extrémité du fil où précédemment se dégageait l'oxygène;* et vice versa.

Les effets magnétiques et chimiques du courant sont restés les mêmes; mais, ils ont changé de sens. Un même fil peut donc être traversé par un courant électrique de deux façons différentes. Il nous est indispensable de les distinguer l'une de l'autre. On parlera donc du *sens* du courant électrique.

On convient de dire que le sens du courant est celui que, dans l'eau acidulée du voltamètre, il faudrait suivre, pour passer du fil où se dégage l'oxygène à celui où se dégage l'hydrogène.

Par abréviation, on peut dire que, dans le cas d'une décomposition chimique, *l'hydrogène descend le courant.*

On devra donc distinguer avec soin les deux pôles de l'électromoteur. Celui, dont le courant est censé partir, s'appelle le *pôle positif;* on le désigne soit par le signe +, soit par une marque rouge; le second porte le nom de *pôle négatif*; on le désigne soit par le signe —, soit par une marque bleue. Ces colorations, rouge et bleue, ont été choisies, parce que, si l'on met les deux pôles en contact avec une bande de papier de tournesol humide, on voit rapidement se développer autour de chacun d'eux les deux teintes respectivement indiquées ci-dessus.

Si le courant est employé à produire des décompositions chimiques, les deux extrémités du conducteur qui plongent à l'intérieur de l'électrolyte portent le nom d'*électrodes*; celle qui amène le courant est l'*anode*; l'autre est la *cathode.*

92. — Intensité du courant.

Il est temps maintenant d'aborder les propriétés quantitatives du courant. Il convient d'ailleurs évidemment de se borner à ce qu'elles ont d'essentiel et de particulièrement simple.

Et d'abord, par un dispositif facile à imaginer, arrangeons-nous de telle façon que l'aiguille aimantée puisse être déplacée à proximité du fil conducteur, tout en restant rigoureusement à une distance invariable de ce fil. Prions notre élève de procéder à ce genre d'opération; il constatera que, dans ces conditions, la déviation de l'aiguille aimantée reste invariable; elle ne dépend pas de la région du fil dont elle est voisine. Que l'aiguille se trouve rapprochée du pôle positif ou du pôle négatif, ou à égale distance de chacun de ces deux pôles, l'effet du courant reste le même.

On est tout naturellement conduit à parler de l'*intensité du courant* et à dire que cette intensité conserve une valeur invariable dans toute l'étendue du circuit fermé.

Comme il s'agit ici d'une notion très importante, que les débutants sont trop naturellement portés à confondre avec d'autres notions, en particulier avec celle de force électromotrice, il sera de la plus haute importance pour notre élève de justifier et de confirmer par d'autres expériences notre manière de voir et de parler.

Rien ne sera plus facile que de reprendre avec le voltamètre les constatations que nous venons de faire avec l'aiguille aimantée. Quelle que soit la position que l'on donne à un même voltamètre dans un circuit, la quantité d'hydrogène dégagée dans le même temps reste toujours la même.

De même encore, quelle que soit la position que l'on donne dans ce circuit à la petite lampe dont nous nous sommes déjà servis, nous constatons qu'elle s'illumine toujours du même éclat.

Les effets produits par le courant ne dépendent aucunement du point du circuit où on les observe, qu'il s'agisse des propriétés magnétiques, chimiques ou calorifiques du courant.

Sans qu'il soit nécessaire de spécifier l'appareil de contrôle qui nous aura servi, il nous sera plus commode de parler de l'intensité du courant électrique :

L'intensité d'un courant dans un circuit fermé conserve une valeur invariable dans toute l'étendue du circuit.

93. — Analogies hydrauliques.

Après nous être rendus maîtres des résultats précédents, il ne sera certainement pas inutile de justifier cette expression de *courant électrique* par des analogies qui se présenteront tout naturellement à l'esprit de notre élève.

L'automobilisme est aujourd'hui assez répandu pour que, à quelque condition sociale que l'on appartienne, on ait le loisir d'examiner et de faire observer à notre jeune élève le fonctionnement d'une automobile.

Attirons son attention sur l'une de ces petites turbines qui servent à entretenir une circulation continue d'eau froide autour du moteur dont on empêche ainsi le trop grand échauffement. Cette turbine (fig. 69) est animée par un volant extérieur M; elle est intercalée dans une conduite d'eau C fermée sur elle-même

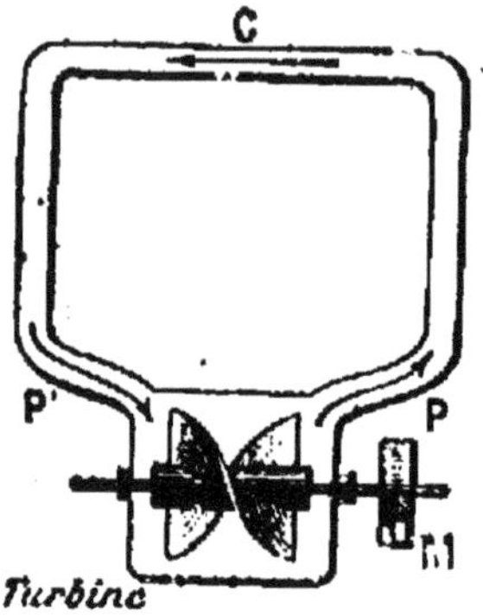

Fig. 69. — Petite turbine d'automobile. — Son fonctionnement est comparable à celui d'un électromoteur produisant un courant dans un circuit fermé.

Il est manifeste que :

a) l'eau circule ici dans un circuit fermé;

b) la quantité d'eau qui passe est la même en tous les points du circuit;

c) la circulation de l'eau se fait dans un certain sens; elle pourrait avoir lieu dans le sens opposé;

d) cette circulation de l'eau n'aurait pas lieu, sans l'intervention d'un appareil moteur. Celui-ci consomme de l'énergie empruntée à l'extérieur; ses deux orifices P et P' sont doués de propriétés nettement opposées.

Il est inutile d'insister davantage. L'analogie des phénomènes présentés par un courant électrique et par une circulation d'eau entretenue dans un circuit fermé est de toute évidence. L'expression de courant électrique se trouve donc pleinement justifiée par cette comparaison. Quoique nous ne sachions pas s'il y a réellement quelque chose qui circule dans un courant électrique, ni, *a fortiori*, quel est ce quelque chose, il n'en est pas moins vrai que l'expression « courant électrique » fait image et qu'elle nous rappelle, en raccourci, les caractères les plus importants des phénomènes que nous venons d'étudier.

94. — On peut mesurer une intensité de courant.

La principale grandeur à considérer dans le cas d'une circulation d'eau est le *débit*, c'est-à-dire la quantité d'eau transportée par seconde.

Notre élève a déjà pressenti qu'au débit de la circulation d'eau correspond l'*intensité* du courant électrique.

Nous voyons l'eau circuler; nous ne voyons pas le courant. Mais nous sommes tout naturellement conduits à dire que *deux courants ont même intensité, quand ils agissent de la même façon sur une même aiguille aimantée, placée à la même distance.*

Nous savons déjà que ces deux courants échaufferaient de la même façon un même fil conducteur et qu'ils feraient dégager pendant le même temps la même quantité d'hydrogène dans un voltamètre à eau acidulée.

Il est donc facile de reconnaître si deux courants ont ou n'ont pas même intensité. Retenons seulement, comme étant d'une application plus facile, l'action du courant sur l'aiguille aimantée.

Supposons que nous disposions de deux courants de même intensité, circulant dans des fils conducteurs recouverts d'une enveloppe isolante. Superposons les deux fils et faisons les agir simultanément, sur une même longueur et dans le même sens, sur une même aiguille aimantée. Notons la déviation de l'aiguille. Tout courant qui, à lui seul, placé dans la même position que les deux premiers, exercera la même action sur l'aiguille aimantée, sera considéré comme possédant une *intensité double* de celle que possédait chacun des deux premiers courants.

L'intensité d'un courant est donc une grandeur mesurable.

L'unité d'intensité, généralement utilisée dans la pratique, a reçu le nom d'*ampère*; un courant d'un ampère dégage par heure un volume d'hydrogène de 418 centimètres cubes.

95. — Ampèremètres.

Nous n'avons aucun besoin d'une plus grande précision dans la définition de l'ampère. Il nous aura suffi de concevoir que des appareils peuvent être construits sur les principes précédents et gradués de façon à donner, par simple lecture, la valeur en ampères de l'intensité des courants que l'on fait passer à leur intérieur. Ce sont les *ampèremètres* (fig. 70).

Nous n'aborderons pas ici la description de ces appareils,

Fig. 70. — Un Ampèremètre. — L'ampèremètre doit être traversé de A en A' par le courant étudié; on dit qu'il est placé en *série*.

dont le principe a été développé aux paragraphes 92 et 94. Cette description n'aurait rien à voir avec l'initiation que nous nous sommes proposée. Contentons-nous seulement de faire constater à notre élève que l'ampèremètre satisfait bien à la condition suivante : quelle que soit la position que nous lui donnions dans un même circuit, son indication reste invariable. Et cela devait être en effet, si cette indication nous fait effectivement connaître l'intensité du courant qui passe dans l'appareil (§ 92).

On désigne souvent, sous le nom de *galvanomètres*, des appareils sensibles, construits sur le même principe que les ampèremètres, mais ne comportant pas de graduation en ampères.

96. — Travail hydraulique et travail électrique.

Reprenons maintenant notre comparaison des phénomènes hydrauliques.

La puissance mécanique d'une installation hydraulique dépend de deux facteurs : le débit de la chute d'eau et la hauteur dont elle tombe. C'est ainsi qu'une chute de 20 mètres, débitant 150 kilogrammes d'eau par seconde, a une puissance de 40 chevaux.

Une chute de 10 mètres, débitant 300 kilogrammes d'eau, aurait la même puissance.

De même, nous le savons déjà, un courant électrique peut être employé à produire du travail mécanique; soit, par exemple, à entretenir le mouvement d'un tramway ou à faire fonctionner les machines d'une usine.

La valeur de ce travail, par seconde, dépend de l'intensité du courant; mais, elle ne dépend pas de cette intensité seulement. Un autre facteur est encore à considérer, dont il va falloir mettre en évidence toute l'importance. Ce second facteur se présente donc à nous comme étant l'équivalent de la hauteur dans une chute d'eau. Il est vrai que, si nous revenions à notre turbine de tout à l'heure (§ 93), il ne pourrait, à proprement parler, être question de *hauteur de chute*. Mais, on voit immédiatement par quoi cette expression doit ici être remplacée. Le travail hydraulique produit par la turbine dépend non seulement du débit de l'eau à travers la canalisation, mais encore de *la différence des pressions* qui s'exercent aux orifices P et P' de la machine (fig. 69).

Nous concevons assez facilement que le travail disponible dans une canalisation électrique dépende également de deux facteurs, dont l'un nous est déjà connu sous le nom d'intensité du courant et dont l'autre est l'analogue de la différence de pression en différents points d'une canalisation d'eau.

Nous donnerons provisoirement à ce second facteur le nom de *différence de potentiel*. Proposons-nous, par des expériences simples et directes, de mettre son existence en évidence et d'en faire comprendre, par la simple leçon des faits, toute l'importance théorique et pratique.

97. — Variation de charge le long d'un tuyau.

Reprenons encore une fois notre comparaison hydraulique. Supposons qu'à la base d'un récipient A (fig. 71) soit adapté un large tuyau dont l'extrémité s'ouvre librement en B; supposons, en outre, que tout le long de ce tuyau soient implantés de petits tubes de verre verticaux, ouverts aux deux bouts.

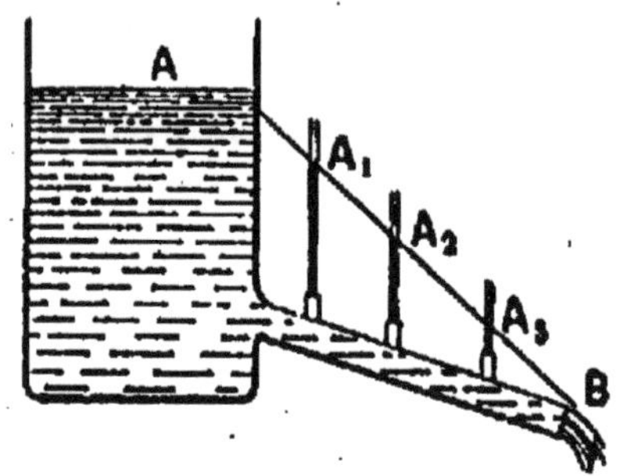

Fig. 71. — PERTE DE CHARGE DANS L'ÉCOULEMENT DE L'EAU. — La hauteur, à laquelle l'eau s'élève dans les tubes de verre successifs, A_1, A_2, A_3, ..., portés par un même tuyau, va en diminuant dans le sens même du courant de l'eau dans le tuyau.

Admettons, encore, que le récipient A contienne de l'eau et que le niveau de celle-ci y soit maintenu invariable. Si nous fermons momentanément l'extrémité B du tuyau, l'eau s'établit dans les tubes de verre au même niveau que dans le récipient lui-même. Mais, si nous ouvrons B, le tuyau relié au récipient devient le siège d'un courant d'eau, dont le débit est nécessairement constant, puisque le niveau est maintenu invariable en A. Nous voyons en même temps l'eau descendre dans les tubes de verre, en A_1, A_2, A_3, *pour s'arrêter dans chacun d'eux à une hauteur fixe.*

Appelons *charge en un point du tuyau* la hauteur verticale à laquelle l'eau s'élève en chaque tube de verre au-dessus de l'orifice B.

On reconnaît immédiatement que *la charge aux divers points du tuyau diminue dans le sens même du courant*; c'est ce qu'indique clairement la figure.

98. — Différences de potentiel le long d'un conducteur traversé par un courant.

Essayons de montrer qu'il se produit quelque chose de tout à fait semblable dans un conducteur parcouru par un courant électrique d'intensité invariable.

Dans ce but, nous devons disposer d'un ampèremètre et d'un voltmètre. Nous savons comment on se sert du premier

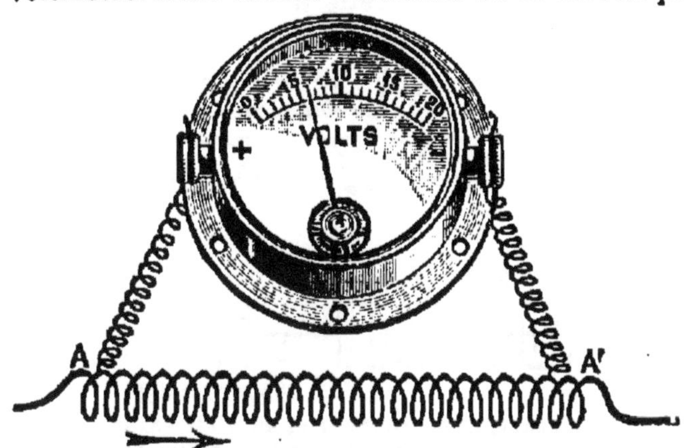

Fig. 72. — Un voltmètre. — Les deux bornes de l'appareil sont mises en communication par des fils métalliques avec les deux points A et A entre lesquels on désire connaître la différence de potentiel. On dit que *le voltmètre est mis en dérivation* entre ces deux points.

de ces appareils (§ 95); quant au second, il nous suffira de savoir que, de même configuration extérieure que le premier (fig. 72), il repose d'ailleurs sur un principe tout semblable, à savoir sur l'effet qu'un courant électrique exerce sur tout système aimanté placé en son voisinage.

L'expérience est montée de la façon suivante (fig. 73) :

Sur un circuit fermé, réunissant les pôles d'une série de petits accumulateurs est placé notre ampèremètre, en CD. Deux points, A et B, de ce circuit sont reliés par des fils métalliques aux deux bornes du voltmètre. On dit que *le voltmètre est placé en dérivation* entre les deux points A et B.

Si nous disposions d'un second ampèremètre, que nous

placerions entre A et B sur le circuit primitif, nous pourrions constater que ses indications ne diffèrent pas de celles de l'ampèremètre placé en CD. L'intensité du courant est la même entre A et B que dans tout le reste du circuit.

Ceci posé, nous lisons sur le voltmètre une certaine indication numérique. Nous conviendrons, provisoirement et pour simplifier le langage, de dire qu'elle nous fait connaître en *volts* la mesure de la différence des potentiels entre les points A et B.

Il nous restera à justifier cette manière de dire; c'est ce

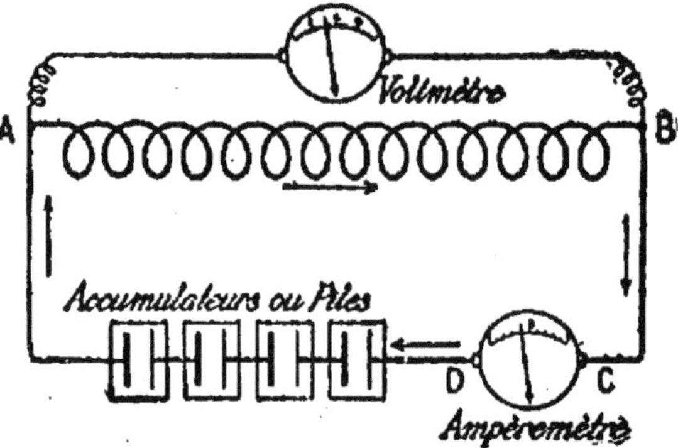

Fig. 73. — Mesure pratique du voltage et de l'ampérage. Loi d'Ohm. L'ampèremètre traversé par le courant fait connaître l'intensité de ce dernier; le voltmètre, placé en dérivation sur les points A et B, fait connaître la différence de potentiel entre ces deux points.

que nous allons essayer de faire. Pour cela, faisons varier les points A et B auxquels est relié le voltmètre; mais conservons entre eux la même distance; l'indication du voltmètre reste fixe, de même que, tout à l'heure, la différence de charge ou de pression restait la même entre les points A_1 et A_2 (fig. 71) d'une part, les points A_2 et A_3, d'autre part.

Laissons le point A fixe; éloignons-en de plus en plus le point B; le nombre de volts, lu sur le cadran du voltmètre, augmente, de même que tout à l'heure, la différence de charge allait régulièrement en augmentant, quand on passait progressivement de A_2 en A_3 puis en B.

Enfin, nous pouvons constater que ce que nous sommes convenus d'appeler la différence de potentiel entre A et B est égal à la somme des différences analogues que nous aurions successivement obtenues si nous avions fait deux lectures : la première entre le point A et un point C compris entre A et B; la seconde, entre le même point C et le point B.

D'ailleurs, pendant toutes nos expériences, l'indication de l'ampèremètre n'a pas varié.

Une conclusion s'impose, que nous allons énoncer :

Le voltmètre se trouve donc être un appareil disposé de façon à mettre en évidence et à mesurer, entre deux points d'un circuit traversé par un courant, une sorte particulière de grandeur que nous avons appelée différence de potentiel, et qui est, en tout point, comparable à la différence de charge qui s'établit entre deux points quelconques d'une canalisation traversée par un courant d'eau

99. — Loi d'Ohm.

Nous venons d'acquérir la notion de *différence de potentiel;* nous avons appris, en même temps, à mesurer cette nouvelle sorte de grandeur.

Remarquons d'ailleurs, en passant, que la notion de potentiel n'est pas tout à fait nouvelle pour nous et que nos recherches d'électrostatique nous avaient déjà conduits à employer la même expression. Notre élève n'éprouvera pas la moindre difficulté à concevoir qu'électroscope et voltmètre sont des appareils qui, fondés, il est vrai, sur des principes tout différents, sont cependant destinés à remplir des fonctions de même nature. Il se rendra compte par lui-même que le voltmètre est incomparablement plus sensible que l'électroscope; et, désormais, mieux renseigné qu'il ne l'était au début de ses études électriques, il ne consentirait plus, sans doute, à parler du potentiel d'un conducteur en équilibre électrique (§§ 82 et 83); mais, tout fier de ses récents progrès, ne manquerait pas de réagir contre une pareille incorrection de langage, et de préciser qu'il ne peut jamais être question que de différence de potentiel et que l'électroscope, en particulier, nous fait connaître la valeur de cette différence entre le conducteur considéré et le sol.

Il nous reste à mettre en évidence le rôle capital que la différence de potentiel joue dans les phénomènes présentés par les courants. Le dispositif, utilisé au paragraphe précédent, convient également bien à cette nouvelle recherche.

Notons le nombre de volts E, donné par le voltmètre comme étant la différence de potentiels entre les points A et B.

Notons également le nombre d'ampères I donné par l'ampèremètre. Conservons le fil conducteur AB; mais changeons d'électromoteur. Par exemple, supprimons un ou deux des accumulateurs de la série; le voltmètre donne une nouvelle indication E'; l'ampèremètre, une nouvelle indication I'.

La comparaison des nombres obtenus donne immédiatement l'égalité :

$$\frac{E}{I} = \frac{E'}{I'}.$$

Nous sommes ainsi directement conduits à énoncer la loi fondamentale qui porte le nom d'Ohm, son inventeur :

La différence de potentiel E, *qui règne entre les extrémités d'un conducteur invariable* AB *parcouru par un courant d'intensité* I, *est proportionnelle à cette intensité.*

100. — Ce qu'il faut entendre par résistance électrique d'un conducteur.

Nous sommes donc parvenus : à la notion d'intensité de courant; à la notion de différence de potentiel.

Nous savons mesurer l'une et l'autre de ces deux grandeurs à l'aide d'appareils appropriés. Nous avons établi entre ces deux grandeurs une relation fondamentale :

Sur un conducteur déterminé, il existe un rapport constant, R, *entre le nombre* E *donné par le voltmètre et le nombre* I *donné par l'ampèremètre.*

Nous avons donc, par définition :

$$\frac{E}{I} = R.$$

Ce nombre R mesure une grandeur spéciale que l'on appelle la *résistance électrique* du conducteur. On dit que cette résistance est mesurée en *ohms*.

La résistance d'un conducteur dépend à la fois de la nature et des dimensions du conducteur lui-même. Elle change en général, si l'on vient à remplacer un conducteur par un autre.

On voit immédiatement que ce nom de *résistance* a été choisi pour faire image.

Reprenons notre comparaison hydraulique.

Si, pour obtenir, à travers deux tuyaux différents, un même débit, il nous fallait faire agir des différences de charge inégales, nous dirions évidemment que ces deux tuyaux opposent à la circulation de l'eau des *résistances* inégales; et nous considérerions comme étant de plus grande résistance celui des deux qui exige la charge la plus grande. De même, si la charge étant la même pour les deux tuyaux, le débit est plus petit à travers l'un des tuyaux qu'à travers l'autre, nous dirions encore que sa résistance au passage de l'eau est plus grande.

Nous faisons exactement de même pour le courant électrique; et nous pouvons pressentir que *la résistance électrique d'un conducteur*, comme celle d'un tuyau hydraulique, *sera d'autant plus grande que ce conducteur sera lui-même plus long et plus étroit*.

C'est exactement ce qui se passe, comme nous allons le voir, avec cette circonstance heureuse pour nos études actuelles, que, tandis que les lois de l'hydraulique sont en réalité très compliquées et purement approximatives, les lois des courants électriques sont d'une parfaite simplicité et d'une rigueur absolue.

Il sera nécessaire, avant d'aller plus loin, de faire en sorte que l'esprit de l'élève se soit parfaitement et définitivement rendu maître des nouvelles grandeurs et des nouvelles unités qui viennent de se présenter à lui. Agir autrement serait retomber dans ce défaut contre lequel nous avons cherché maintes fois à nous prémunir, à savoir : une abstraction trop prolongée, faisant perdre de vue la réalité même que l'on se proposait d'étudier et d'analyser.

Notre élève relèvera avec le plus grand intérêt, et par suite avec le plus grand plaisir, les indications de son voltmètre mis successivement en dérivation sur les pôles d'une série de six, de quatre, de deux, d'un accumulateur. On le priera de recommencer les mêmes lectures, successivement en série ouverte et en série fermée, sur des résistances de plus en plus grandes. De lui-même, il sera ainsi conduit à faire cette constatation que chaque électromoteur est caractérisé par la valeur particulière que présenterait la différence de potentiel entre ses deux pôles, si on les réunissait par un fil infiniment long et fin. Il sera ainsi conduit à la notion de *force électromotrice*. Il constatera que, dans une série normale d'électromoteurs, les forces électromotrices s'ajoutent; que, tout au contraire, elles devraient être prises en signe contraire pour ceux des électromoteurs dont la position des pôles aurait été intervertie.

On fera noter les forces électromotrices des différentes piles : Volta, Daniell, Bunsen, Leclanché. Si l'occasion se présente de visiter une usine électrique, on ne manquera pas non plus de faire observer à notre élève les indications portées par les ampèremètres et voltmètres du tableau de distribution. On notera la différence de potentiel aux deux bornes d'une lampe à incandescence, soit environ 110 volts, et la valeur de l'intensité dans la lampe, soit 1/2 ampère environ; on en fera déduire la valeur de la résistance de la lampe à chaud, etc., etc.

101. — Conditions dont dépendent les résistances des conducteurs.

Revenant maintenant à nos expériences de mesure, nous pouvons nous proposer de rechercher à quelles lois satisfont les résistances des conducteurs.

Et d'abord, de la manière même dont nous avons vu que la différence de potentiel varie le long d'un fil conducteur homogène, il résulte que *la résistance d'un fil est proportionnelle à sa longueur*.

Cette résistance dépend encore de la nature du fil. Il sera du plus grand intérêt de comparer à ce point de vue un fil de fer et un fil de cuivre, ayant tous deux même section. On verra que, placés à la suite l'un de l'autre dans un même circuit, la chute de potentiel est environ six fois plus rapide le long du fil de fer que le long du fil de cuivre. Pour une même longueur et une même section, le premier est donc six fois plus résistant que le second.

Cette résistance dépend enfin de la section du conducteur. On trouvera la loi de cette dépendance par un procédé semblable au précédent.

Bref, on sera conduit à affecter chaque espèce de métal d'un coefficient spécial ρ, qu'on appelle sa *résistivité*. La connaissance de ce coefficient permettra, pour un conducteur cylindrique quelconque, dont on se donne la longueur l et la section s, de calculer la valeur de sa résistance électrique $R = \rho \frac{l}{s}$.

Nous serons enfin en possession des lois fondamentales des courants, si nous ajoutons à ce qui précède cette simple remarque que :

La loi d'Ohm, vraie pour une portion quelconque d'un circuit, reste vraie encore pour le circuit tout entier; à savoir, que la relation

$$E = RI$$

reste encore applicable, si R désigne maintenant la *résistance totale* du circuit, et E la force *électromotrice totale* mise en jeu.

On ne manquera pas dès lors de faire résoudre à notre élève de petits problèmes très simples, tirés de la pratique même des expériences que l'on vient d'exécuter. Il sera toujours facile de s'arranger de telle façon que ces problèmes comportent une vérification expérimentale directe. Ils peuvent d'ailleurs être indéfiniment variés; on prendra successivement pour inconnues soit la résistance à introduire dans une portion du circuit, soit la force électromotrice à employer, soit l'intensité du courant à obtenir, soit encore le nombre des électromoteurs nécessaires pour observer un effet déterminé, soit la différence de potentiel en deux points du circuit, soit enfin la longueur, la section ou la résistivité de l'un des conducteurs interposés.

Et, puisque la notion de différence de potentiel est dès maintenant bien comprise, c'est sans aucune difficulté que l'on pourra aborder les problèmes similaires, pour le cas où le circuit renfermerait des *courants dérivés*.

Il est évidemment inutile que nous insistions davantage sur ce point particulier; aussi bien, aucun exercice numérique ne vaudra ceux que l'on tirera des mesures qui auront été effectuées en présence de l'élève, ou mieux encore réalisées par lui-même.

102. — Expression de l'énergie électrique; loi de Joule.

Plus d'une fois, dans notre travail en commun avec notre élève, nous avons pu vérifier combien il est nécessaire de revenir sur un même point de vue, de parcourir à nouveau une région déjà explorée. Nous ne ferons donc pas difficulté de revenir, une fois encore, sur la notion fondamentale de l'énergie, relativement aux courants électriques.

Un courant échauffe le fil dans lequel il passe; il dégage

de la chaleur. Proposons-nous de mesurer cette quantité de chaleur.

Notre élève n'en est plus maintenant à faire la distinction essentielle entre les notions de température et de quantité de chaleur ; il sait comment on se sert d'un calorimètre.

Au sein de l'un de ces appareils, maintenons suspendue une lampe à incandescence. Un tube de verre, mastiqué sur la lampe, sert à éviter le contact entre l'eau du calorimètre et les fils conducteurs du courant.

Revenons à la disposition de la figure 73. Un voltmètre est mis en dérivation sur la lampe; un ampèremètre est destiné à faire connaître l'intensité du courant dans la lampe. On note la température primitive de l'eau du calorimètre ; puis, on fait passer le courant, en ayant soin d'agiter constamment l'eau du calorimètre. On arrête l'expérience après quelques minutes; on note avec soin la durée de l'expérience et la température finale du calorimètre.

On recommencera plusieurs séries d'opérations semblables; on fera varier la durée de l'expérience, puis l'intensité du courant qui, évidemment, n'a pas besoin d'être celle de la lampe dans son fonctionnement normal. On changera, s'il se peut, le type de la lampe employée ; ou bien, avec un fil de manganine long et fin, on recommencera d'autres expériences analogues. On constatera ainsi que :

Le dégagement de chaleur Q, produit par le passage d'un courant, est proportionnel à la durée t de l'expérience, il est, en outre, proportionnel au voltage e de la lampe, proportionnel enfin à l'intensité I du courant.

Les expériences précédentes font directement connaître en calories la quantité de chaleur dégagée Q. On comparera ce nombre de calories à la valeur du produit effectué $e\,I\,t$.

Dans les limites de précision que comportent nos expériences, on constate que *ces deux valeurs numériques restent proportionnelles l'une à l'autre.* Nous en concluons que les trois facteurs de ce produit $e\,I\,t$ ont été bien choisis pour que ce produit représente effectivement la quantité d'énergie qui se trouve disponible dans une portion d'un conducteur traversé par un courant. Cette quantité d'énergie, qui vient de se manifester à nous sous forme de chaleur à l'intérieur du calorimètre, peut se mesurer en calories; elle est alors exprimée par le nombre Q, que nous a donné notre expérience calorimétrique. On peut convenir encore de la représenter par la valeur numérique du produit effectué *e* I *t*. On dit alors qu'elle est évaluée en *joules*. Le joule est donc une unité de travail, spécialement adaptée aux autres unités électriques précédemment choisies.

On trouve que, pour Q = 1, le produit *e* I *t* prend une valeur voisine de 4, 2.

Des recherches que nous venons de faire résulte donc une double conséquence dont il importe de bien saisir l'importance :

1° La chaleur est un mode particulier de l'énergie; elle obéit au principe de la conservation de l'énergie. *Toutes les fois qu'il y a dépense de travail égale à 4, 2 joules pour faire circuler un courant dans une portion donnée de conducteur, il y a, dans cette même portion de conducteur un dégagement de chaleur égal à une calorie.*

2° Nous connaissons maintenant l'expression générale de l'énergie des courants. Le produit *e* I représente en joules la valeur de l'énergie disponible par seconde dans un conducteur traversé, sous une différence de potentiel *e*, par un courant d'intensité I. Il représente également l'énergie dépensée, pendant le même temps, dans les électromoteurs, pour vaincre la résistance du conducteur considéré.

On dit que le produit *e* I représente, *en watts*, la puissance disponible dans le conducteur étudié. Le watt sera donc notre unité de puissance. Un watt est la puissance capable de produire un travail d'un joule par seconde. Il équivaut, à peu de chose près, à 1/736° de cheval-vapeur. Un *kilowatt* est, par suite, une puissance d'environ 4/3 de cheval-vapeur. Un *kilowatt-heure* est le travail fourni pendant une heure par une puissance d'un kilowatt.

Si, au lieu d'un conducteur limité, nous passons maintenant à l'ensemble d'un circuit fermé, on voit immédiatement qu'il conviendra d'appeler puissance électrique totale de ce circuit l'expression W = E. I, dans laquelle E représente la force électromotrice totale utilisée dans ce circuit.

Revenons encore une fois en arrière. Une chute d'eau a un débit de I litres par seconde, elle tombe d'une hauteur de E mètres; quel travail $\mathcal{C}$, estimé en kilogrammètres, peut-elle fournir en t secondes? Nous avons immédiatement la réponse cherchée : $\mathcal{C} = \mathrm{E\,I}\,t$.

Parallèlement à ce premier problème, traitons le suivant : Un courant a une intensité de I ampères; sa chute de potentiel, dans une certaine partie du circuit, est égale à E volts. Quelle énergie, estimée en joules, met-il en œuvre, pendant t secondes, dans la région considérée du circuit?

L'identité que présenterait la nouvelle relation avec la première nous dispense d'insister davantage. Retenons seulement cette idée essentielle (et revenons-y sans cesse, jusqu'à ce qu'elle ait été bien comprise, car elle domine de haut toutes les questions de l'électricité) : *La chute de potentiel d'un courant est l'un des deux facteurs de l'énergie de ce courant.*

Un courant nous est connu expérimentalement de deux façons : par son intensité I, que décèle l'ampèremètre; par les effets qu'il peut produire (mécaniques, chimiques ou autres) sur une portion de son parcours (§ 87). Ces effets définissent sa puissance W, qui est donc l'une des données immédiates de l'expérience.

C'est précisément la connaissance de ces deux grandeurs I et W qui définit la valeur de la chute de potentiel $e = \frac{\mathrm{W}}{\mathrm{I}}$, dans la portion considérée du circuit fermé.

Nous n'avons pas l'intention d'aborder ici ni les phénomènes de l'électrolyse, ni les applications multiples de l'électricité, ni la théorie des appareils de mesures électriques. Nous ne voulons point perdre de vue le but limité que nous nous sommes uniquement proposé : initier un jeune débutant aux notions essentielles qu'exige l'étude raisonnée des courants électriques.

Cette étude cependant risquerait d'être incomplète, si nous ne cherchions, en terminant à faire comprendre au néophyte électricien comment et pourquoi le courant électrique se prête si merveilleusement à cette fonction, que nous nous sommes efforcé de mettre constamment en évidence, de transformateur universel de l'énergie.

103. — Phénomènes électromagnétiques.

Laissant donc délibérément de côté tout ce qui pourrait être étranger à notre objet, nous essaierons de mettre en relief les phénomènes fondamentaux de l'électromagnétisme et de l'induction, et de montrer quel rôle de premier ordre ils jouent et sont encore appelés à jouer dans le magnifique développement de la science électrique.

Un seul appareil nous suffira; nous ne pouvons mieux faire que d'emprunter à M. Chassagny le dispositif simple, ingénieux et complet, qu'il a précisément imaginé pour atteindre ce triple but :

Établir les phénomènes fondamentaux de l'électromagnétisme.

Établir les phénomènes fondamentaux de l'induction;

Mettre en évidence la relation absolument essentielle qui rattache entre eux ces deux groupes de phénomènes.

M. Chassagny dispose une bobine BB' de fil conducteur à l'extrémité d'un balancier très mobile M. La bobine peut osciller entre les deux branches d'un aimant en fer à cheval SN (fig. 74). Les lignes de force de l'aimant sont perpendiculaires au plan de la bobine, qui se confond d'ailleurs avec le plan d'oscillation du balancier.

Au début, le levier prend, sous l'action de la pesanteur, une position d'équilibre horizontale. Dans une première expérience, mettons les extrémités *a*, *a'* du fil de la bobine en communication avec les deux pôles d'une pile. Aussitôt, la bobine se déplace; elle semble *faucher*, pour ainsi dire, les lignes de force de l'aimant. Le levier s'arrête dans une position inclinée sur l'horizontale. Supprimons le courant, le balancier reprend sa position primitive.

Établissons dans la bobine un courant de sens contraire au premier. Le balancier s'incline à nouveau, mais dans un sens opposé à celui de la première expérience. Recommençons maintenant les expériences précédentes, après avoir tourné l'aimant face pour face, nous obtenons les mêmes effets; mais, ils sont changés de sens. D'où se dégagent immédiatement les conclusions suivantes :

Un courant mobile, situé dans un champ magnétique, peut

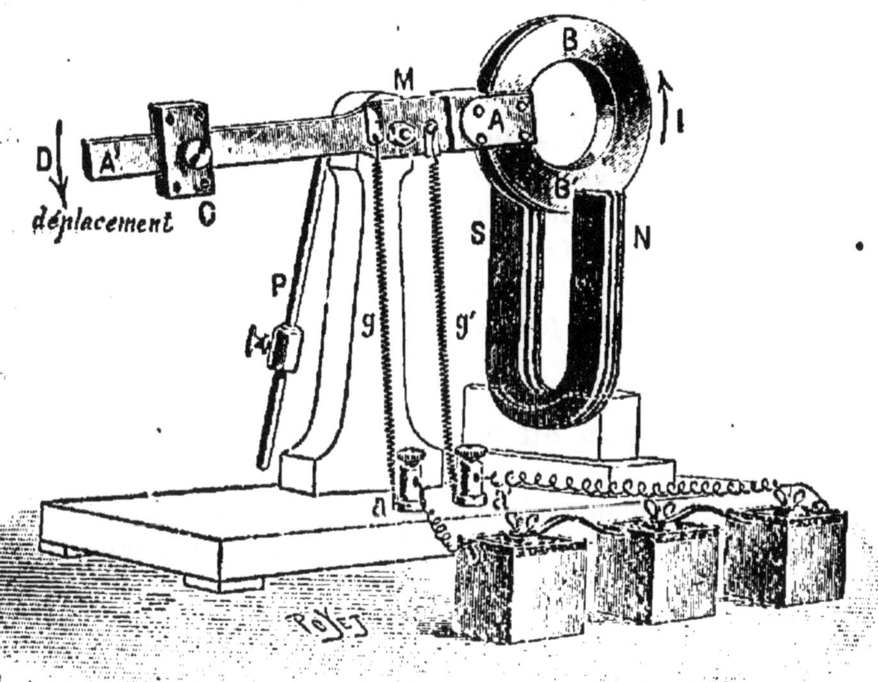

Fig. 71. — PHÉNOMÈNES FONDAMENTAUX DE L'ÉLECTROMAGNÉTISME. — Quand un courant passe dans la bobine B, le balancier de l'appareil est attiré ou repoussé, suivant le sens de ce courant, et suivant le sens du champ magnétique de l'aimant SN.

se trouver soumis à des actions qui tendent à le déplacer.

Le sens de ces actions change, quand on change le sens du courant; il change encore, quand on change le sens des lignes de force du champ magnétique.

Faisons varier maintenant l'intensité du courant; ou bien, faisons varier l'intensité du champ magnétique (pour cette dernière opération, il suffirait de réduire l'aimant représenté par la figure à une ou deux de ses lames constituantes). On vérifie alors que :

Les actions exercées par un champ magnétique sur un courant mobile sont d'autant plus énergiques que l'intensité du champ magnétique ou que l'intensité du courant électrique sont elles-mêmes plus considérables.

Supposons maintenant que l'on veuille recommencer les expériences précédentes, après avoir enlevé l'aimant de sa position primitive. Donnons au plan de l'aimant une position parallèle au plan d'oscillation du balancier. Le balancier restera immobile dans sa position horizontale, quel que soit maintenant le courant que l'on fasse circuler dans la bobine.

Aucune des lignes de force émanées de l'aimant ne traverse la bobine dans aucune de ses positions; aucune action électro-magnétique ne se fait plus sentir.

104. — Notion du flux de force magnétique.

De cet ensemble de faits se dégage une notion de la plus haute importance : la notion du flux de force magnétique.

Portons, en effet, notre attention sur les lignes de force du champ magnétique, qui, émanées de l'aimant, passent à travers les spires de la bobine; et convenons de dire que : *le flux de force magnétique à travers la bobine est, pour une position donnée de la bobine, d'autant plus grand* :

1° Que le champ de l'aimant est plus intense;

2° Que les spires de la bobine embrassent une plus large surface et qu'elles sont plus nombreuses;

3° Que les lignes de force, émanées de l'aimant, se présentent, pour traverser la bobine, dans une direction plus voisine de son axe;

4° Que l'intérieur de la bobine semble plus perméable aux lignes de force (il en est ainsi, par exemple, si l'on comble le vide de la bobine par un faisceau de fils de fer doux).

105. — Lois fondamentales de l'électromagnétisme.

Les expériences que notre appareil nous a permis de réaliser peuvent alors s'interpréter de la façon suivante :

On n'observe de déplacement de la bobine sous l'action d'un champ magnétique, que si le déplacement de la bobine entraîne une augmentation ou une diminution du flux de force magnétique qui la traverse.

L'énergie, empruntée au courant pour effectuer un déplacement d'une portion du circuit électrique, est à la fois proportionnelle :

1° à l'intensité de ce courant,

2° à la variation du flux de force magnétique à travers la portion mobile du circuit.

Rien n'est plus facile que de présenter la notion de flux sous une forme qui frappe immédiatement et directement l'imagination de l'enfant. Un écran transparent, que l'on place sur le trajet d'un faisceau lumineux et que l'on incline plus ou moins sur la direction du faisceau, est traversé par un flux de lumière plus ou moins grand. Un cerceau, que l'on plonge au milieu d'un courant d'eau, est traversé par un flux liquide, plus ou moins intense. Ce flux dépend de la grandeur de la surface embrassée par le cerceau, de la vitesse du courant qui passe à son intérieur et de la direction que l'on donne au plan du cerceau. D'une manière toute semblable, l'appareil même dont nous nous servons permet de figurer, pour ainsi dire, aux yeux de l'élève la grandeur du flux de force magnétique à travers la bobine.

Revenons maintenant sur un point de la question que nous avons laissé momentanément de côté. Proposons-nous de préciser dans quel sens tend à se déplacer le courant mobile.

106. — Une bobine parcourue par un courant est assimilable à un aimant.

Prenons un exemple particulier. Supposons que le courant qui circule dans la bobine soit, sur la figure, représenté par une flèche tournant en sens inverse des aiguilles d'une montre. L'expérience même que nous venons de réaliser montre directement que la bobine se comporte alors comme un aimant dont l'axe serait confondu avec celui de la bobine. C'est là un fait capital : *une bobine traversée par un courant se comporte comme un aimant*; cet aimant a des propriétés d'autant plus accusées que les spires de la bobine sont plus nombreuses, qu'elles sont parcourues par un courant plus intense, qu'elles enferment à leur intérieur une substance (*fer doux*) qui se laisse plus facilement traverser par les lignes de force d'un champ magnétique extérieur.

Dans le cas de la figure 74, le balancier de l'appareil serait déplacé vers le haut. Il en résulte qu'un observateur qui se placerait, face à face avec l'instrument, de manière à voir les courants de la bobine circuler en sens inverse des aiguilles d'une montre, aurait immédiatement devant lui le pôle nord de l'aimant auquel la bobine peut être assimilée.

Notre élève comprendra facilement, sans qu'il soit besoin d'insister autrement, de quelle importance sont les phénomènes précédemment étudiés. Il concevra immédiatement que cette action électro-magnétique d'un aimant immobile sur un système de courants mobiles est précisément employée à produire et à entretenir le mouvement de tous les moteurs électriques qu'il a jusqu'alors vus fonctionner sous ses yeux.

107. — Courants induits.

Passons maintenant aux expériences complémentaires de celles qui précèdent. Nous reprenons le même dispositif (fig. 75). Toutefois, l'expérience est modifiée de la façon suivante : au lieu de rattacher les deux bornes *a* et *a'* aux deux pôles d'une pile, comme nous l'avions fait précédemment, relions-les aux deux bornes d'un galvanomètre (§ 95) sensible, qui n'a même pas besoin d'avoir été préalablement gradué.

Nous constituons ainsi un circuit qui comprend le galva-

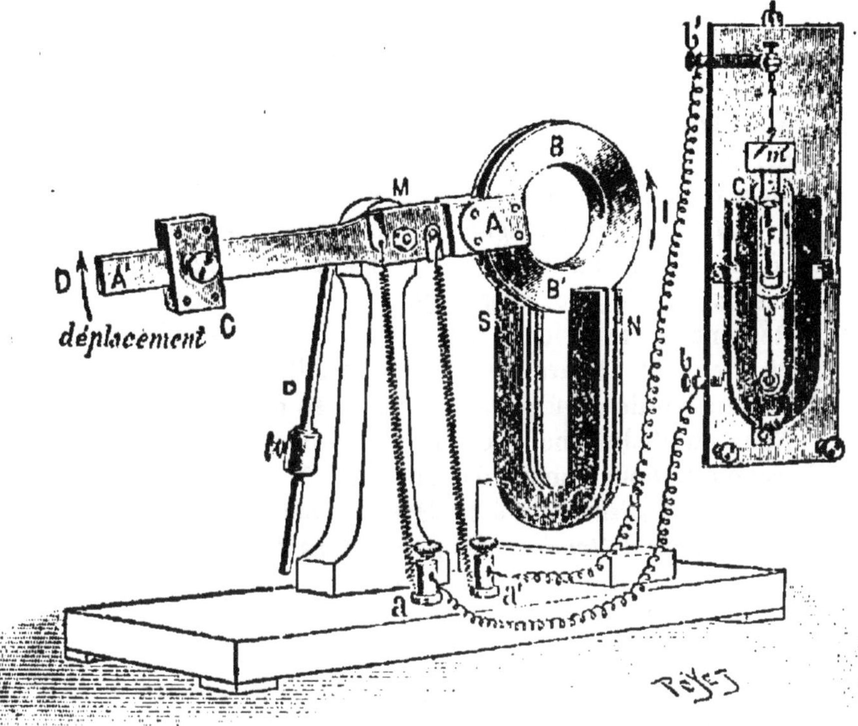

Fig. 75. — Phénomènes fondamentaux de l'induction. — Si l'on déplace brusquement le balancier de l'appareil, de façon à *faucher* les lignes de force du champ de l'aimant, un courant instantané (*courant induit*) prend naissance dans la bobine B.

nomètre lui-même et la bobine; aucune force électromotrice ne régnant dans ce circuit, le galvanomètre reste dans sa position d'équilibre initiale.

Ceci fait, abaissons brusquement la bobine entre les deux pôles de l'aimant fixe, comme si nous voulions *faucher* la gerbe de lignes de force émanées de l'un des pôles de l'aimant et absorbées par l'autre. Tout aussitôt, nous voyons le galvanomètre dévier fortement mais reprendre sa position première, dès que la bobine est revenue au repos.

Le déplacement de la bobine dans le champ de l'aimant a donc fait naître, dans le fil de la bobine, un courant dont la durée est exactement la même que celle du déplacement de la bobine. Supprimons l'aimant; rien de semblable ne se produira plus, si nous imprimons à la bobine le même déplacement que dans l'expérience précédente.

Nous pouvons donc conclure :

Si un conducteur, appartenant à un circuit fermé, se déplace dans un champ magnétique de façon à être traversé par un flux de force magnétique variable, il se produit dans le circuit un courant qui dure le même temps que la variation même du flux de force magnétique.

Reprenons l'expérience précédente, le plan de l'aimant en fer à cheval étant parallèle au plan d'oscillation du balancier. Aucune déviation du galvanomètre ne se produit plus.

Nous en déduisons une nouvelle proposition réciproque de celle que nous venons d'énoncer :

Si un conducteur fermé se déplace dans un champ magnétique de façon à être traversé par un flux de force invariable, il n'est le siège d'aucun courant induit.

Le même dispositif permettrait d'établir tout aussi facilement que :

La force électromotrice qui, dans le même conducteur fermé, serait capable de produire un courant de même intensité que le courant induit, observé, serait d'autant plus élevée :

1° *Que le champ de l'aimant est plus intense;*

2° *Que les spires de la bobine sont plus nombreuses et embrassent une plus large surface;*

3° *Que la bobine renferme à son intérieur une substance plus perméable aux lignes de force d'un champ magnétique* (le fer doux est incomparablement plus perméable que l'air).

Nous sommes déjà convenus (§ 104), quand les choses se passent de cette façon, de dire que le flux de force magnétique à travers la bobine est plus considérable.

L'expérience montre enfin

4° *Que la force électromotrice considérée est d'autant plus élevée qu'un même déplacement de la bobine a été effectué plus rapidement.*

108. — Lois fondamentales de l'induction.

On pourra facilement exprimer et résumer tous ces faits, sous une forme, à la fois imagée et concise, en disant que :

a) *Il n'y a de courant induit dans un circuit fermé, que si ce circuit est traversé par un flux de force variable;*

b) *Ce courant induit dure le même temps que la variation même du flux de force;*

c) *La force électromotrice capable de produire ce courant induit est d'autant plus élevée que la variation du flux de force a été plus grande et plus rapide.*

Il importe de bien se familiariser avec la notion du flux de force : elle domine toutes les lois de l'électromagnétisme et de l'induction. Et c'est l'un des principaux avantages que présente précisément l'appareil dont nous nous sommes servi, que de réaliser, de matérialiser, pour ainsi dire, devant les yeux de l'observateur débutant, la définition expérimentale du flux de force et d'en montrer l'importance primordiale dans tous les phénomènes d'électromagnétisme et d'induction.

109. — Loi de Lenz.

Le sens, dans lequel le galvanomètre est dévié, nous permet de connaître le sens du courant induit.

L'expérience montre que, si l'on imprime à la bobine deux déplacements identiques, de sens contraires, on obtient deux courants induits, d'intensités égales et de sens contraires.

Chacun de ces courants éprouve, de la part de l'aimant, une certaine action électromagnétique. L'expérience montre directement que :

Le sens des courants induits provoqués dans un conducteur, que traverse un flux de force magnétique variable, est toujours tel que l'action électromagnétique qui en résulte gêne le mouvement de ce conducteur.

C'est en cet énoncé que consiste la loi de Lenz, dont il nous reste à voir les importantes conséquences.

110. — Réversibilité des machines d'induction. Transmission de l'énergie à distance.

Supposons que nous disposions de deux appareils semblables à celui qui nous a servi pour toutes ces recherches. Réunissons les deux bornes de l'un aux deux bornes de l'autre par des fils conducteurs. Nous avons ainsi un circuit fermé, comprenant les deux bobines de nos appareils. Imaginons qu'à l'aide de la main nous déplacions le balancier du premier appareil. Un courant induit prend naissance, qui passe dans la bobine du second appareil et y développe une action électromagnétique; le balancier du second appareil se déplace en même temps que celui du premier; il semble que l'effort exercé sur le premier ait été directement appliqué au second. Tel est le principe de la *transmission de l'énergie à distance.*

Le premier appareil fonctionne comme générateur de courant; c'est un *électromoteur.* Il obéit aux lois de l'induction.

Le second appareil fonctionne comme récepteur de courant; on dit que c'est un *moteur.* Il obéit aux lois de l'électromagnétisme.

Au fond, rien ne distingue ni ces deux sortes d'appareils, ni les lois qui les régissent.

Électromagnétisme et induction ne sont que deux points de vue, à peine différents, sous lesquels nous envisageons successivement le fait unique et universel de la transformation de l'énergie.

Tout moteur électrique peut servir d'électromoteur; tout

électromoteur d'induction peut servir de moteur. On dit que ces appareils sont *réversibles*.

La loi de Lenz se comprend maintenant facilement. Une pierre, que je fais monter à l'aide d'un treuil, ferait, si elle était seule, tourner le treuil en sens contraire du mouvement que je lui imprime.

De même, le balancier de notre second appareil (l'appareil récepteur) se déplace, à chaque instant, dans un sens tel que, s'il était seul à agir, ce déplacement produirait dans le circuit un courant de sens opposé à celui du courant actuel.

La loi de Lenz, les lois de l'électromagnétisme et de l'induction sont des énoncés particuliers du principe général de la conservation de l'énergie.

D'une façon générale, toutes les machines fondées sur l'induction (*dynamos*), la machine de Gramme (fig. 68), en particulier, présentent les caractères essentiels que nous venons d'étudier dans les paragraphes 103 et 107.

Si donc on réunit les deux bornes d'une dynamo Gramme par un fil métallique, il suffira de faire tourner la machine pour lancer un courant dans ce fil. Ce courant, reçu dans une seconde machine de Gramme, la fera tourner. Nous pouvons ainsi récupérer sur cette réceptrice une partie du travail dépensé pour actionner la génératrice (§ 90).

On ne récupérera jamais entièrement ce travail, parce qu'une partie se dépense en pure perte, sous forme de chaleur, dans les frottements des parties mobiles sur les parties fixes et surtout, en vertu de la loi de Joule (§ 102), dans le fil traversé par le courant.

On appelle *rendement* le rapport entre le travail recueilli à la réceptrice et celui qui est dépensé sur la génératrice.

Il est évident que le rendement sera d'autant plus élevé que les conducteurs seront moins résistants (§ 101).

La réversibilité des machines d'induction nous donne un moyen précieux de transporter l'énergie à distance. C'est ainsi que l'industrie peut utiliser des chutes d'eau puissantes, au voisinage immédiat desquelles on ne pouvait songer à créer des usines. Le courant transporte l'énergie de ces chutes à des ateliers placés dans de bonnes conditions économiques : au voisinage d'une route ou d'une ligne de chemin de fer.

Le même principe est employé pour la distribution de l'énergie : d'une usine centrale à tous les points d'une même ville ; ou encore, d'un atelier à toutes les machines-outils qui se trouvent rassemblées à son intérieur.

CONCLUSION

Au terme de cette excursion hâtive à travers les sciences physiques, le lecteur ressentira peut-être une impression comparable à celle du voyageur qui, du fond de son compartiment de train rapide, a vu précipitamment défiler devant ses yeux les noms des stations successivement rencontrées, mais n'a conservé aucune image présente des sites qu'il vient de côtoyer, des paysages qu'il vient de traverser. Les limites étroites, que nous nous étions imposées au début, nous faisaient de cette allure rapide une nécessité. C'est au cicerone, nous voulons dire à l'éducateur, qu'incombera la véritable tâche de mettre en valeur ou d'utiliser les indications sommaires qu'il aura pu rencontrer dans ce petit volume, dont nous aurions voulu faire, entre ses mains, une sorte de guide Joanne ou Bædeker, très succinct.

Et maintenant, est-il bien la peine de conclure? Une idée générale a dominé notre étude. Partout, autour de nous, s'est imposée invinciblement à notre esprit la notion féconde d'énergie. A chaque instant, dans tous les phénomènes que nous avons successivement étudiés, nous avons vu l'énergie se transformer et revêtir les apparences les plus diverses. Constamment enfin, nous avons vu l'énergie obéir au grand principe de la conservation.

Ce serait un résultat, dont nous nous estimerions très heureux, si, du fond de ces idées générales, notre élève avait puisé l'ardent désir de pousser plus avant l'étude de la belle science qu'il n'a fait encore qu'entrevoir.

INDEX ALPHABÉTIQUE

(Les chiffres indiqués renvoient aux pages du volume.)

TABLE DES MATIÈRES

158-17. — Coulommiers. Imp. Paul BRODARD. —10-17.

COULOMMIERS
Imprimerie Paul BRODARD.

www.ingramcontent.com/pod-product-compliance
Ingram Content Group UK Ltd.
Pitfield, Milton Keynes, MK11 3LW, UK
UKHW031047260726
13965UKWH00006B/694

9 782013 546898